女性情感信标

有些以为
真的只是你以为

杨迪 著

北京日报出版社

photo by Nura笑笑

引

当初你为什么不告诉我？因为我害怕你难过。那你现在为什么又告诉我？因为我想让你难过。

风度不是真相，这里才是真相；绅士不是真相，这里才是真相；责任不是真相，这里才是真相。我来告诉你一个最真实的男人世界，一切都以获得女性好感为目的，最终俘获女人的身心，这一点都不可耻，但大部分男人却不会告诉女人这些。

这既不是科普读物，也不是性学教材，这是一套“碎梦”罗汉拳，女人因为感性思维的主导，本身在爱情里就处于劣势，而人类往往在头脑发热的时候看不清真相，女人更是如此。我写这本书不是苦口婆心地劝说，因为女人身边的劝说者实在太多了，不缺我这么一位，我也不会和你一起吐槽、抱怨，因为那除了买好没有任何意义。这本书就是一盆冷水，让女人知道自己眼前这只雄性动物到底是怎么看待你以及你自认为的那些伟大的付出。

我的目的就是务求让你成为继他母亲之后又一位对他了如指掌的女人，通常给女人看的书都是哄着女人说些不疼不痒的话来意淫美好的爱情，那种隔靴搔痒、误人子弟的话我根本就不想说，我只想告诉女人，男人脑子里的爱情长什么样儿。

photo by Nura笑笑

目 录

Directory

恋爱那些事儿

结婚这件事儿

防火防盗防闺蜜

婚姻那些事儿

photo by Nura笑笑

恋爱那些事儿

- 爱情的自私对于相爱的人来说，是心甘情愿地被束缚。
- 这世界上任何事都可以快，只有情感需要慢慢来……
- 在感情好的时候珍惜,在错过感情的时候尘封记忆。
- 幸福是什么呢？幸福就是每一件小事积累起来的温暖和微笑。你 一定懂，不言自明。
- 珍爱生命，远离矫情!

没有无私的爱情

就像女人讨厌男人恋母一样，男人也厌恶女人恋父。因为恋父的女人总是希望遇见一种像父爱一样无私的爱情。恋父情结转化成的择偶观分两种：第一种是想找个爸爸那么大岁数的男人或者和自己年龄差足够大的男人；第二种就是想找个爸爸……

第一种姑娘的择偶标准无可厚非，老男人的优点太多了，这里就不一一表述了，我想说的是第二种姑娘。

想找个爸爸？你不是妈妈……这不是句废话，说的是人物定位。你爸爸对你是父亲对自己亲闺女的疼爱，这不是爱情，是父女情，是亲情来的。你爸爸对你妈的态度绝对跟对你的态度是不一样的。所以，你爸爸对你妈的态度才是爱情。如果你要求你的男朋友像你爸爸对待你妈那样对待你，这属于合理要求。但是如果你要求你的男朋友像你爸爸对你一样待你，这就叫病态。

别急着反驳我，我换一个女人可以理解的方式告诉你：你男朋友要求你俩的感情生活像他爹妈那样恩爱，这属于美好而合理的愿望；如果他要求你跟他妈一样对他，那他就是把你当老妈子了，你愿意吗？

你肯定不愿意。就算你喜欢这个男人到不行，暂时当那么一会儿，你也会因为不是他妈而最终崩溃当不下去。

男人也一样。在当爹妈这个问题上，男女的感受都是一样的。所以你要求一个男人像你爸爸一样宠爱你，无条件顺从你，任由你任性和索取，基本上就是一种早晚被遗弃的节奏。很多女生因为父亲的宠爱都希望将来找一个爱自己像爱女儿一样的男人……你觉得这种诉求正常吗？换一个女人接受不了的说法，一个男人想找一个像自己妈一样疼自己的女人，你们是不是就觉得特别变态了？同理，男人也觉得女人这样的要求很变态。

自打你来到这个世界上，这个世界上就只有一个亲爹、一个亲妈。每个人都一样，所以你不可能要求你将来的伴侣像亲爹一样无私地爱你，因为爱情跟亲情不一样。爱情可以磨灭，可是亲情却不可能磨灭；爱情会受伤，会淡化，会疏离，会因爱生恨，亲情可是砸了骨头连着筋的；爱情会累，亲情至死方休。可为什么我们还是向往爱情？因为爱情是把两个没有血缘关系的陌生人像亲人一样黏在一起。这是爱情最神奇的地方，也是最迷惑人的地方。很多要命的错失都是因为被爱情迷惑了心窍，真的认为伴侣就是跟父母一样的至亲，于是觉得各种透支任性、不通情理都是天经地义的。当对方不再爱你的时候，或者是你无休止的折腾让对方疲惫不堪的时候，伴侣是会转身离开的陌生人，即便你再怎么熟悉，他都会回归到陌生人的样子。

父爱和母爱一样无私，但是我们没有权利要求爱情无私，别相信那些鼓吹爱情必须是无私的情感段子手。他们有几个是爱情圆满的？一个连自己都没有得到的东西写出来骗别人能有多真诚？那只是他们脑海中的一厢情愿罢了。真正的爱情是自私到极点的，不然大家结婚干什么？！爱情就是用爱束缚自己爱人的甜蜜枷锁，这才是真相！没有一个人愿意和别人共享爱人，所以你要求对方爱得无私那就是扯淡！那只是因为你看不上他所以才用这样的要求来让他接受你不属于他的现实。如果说不以结婚为目的的恋爱都是耍流氓，那你就是个女流氓。

爱情的自私对于相爱的人来说，是心甘情愿地被束缚。而当任何一方觉得被束缚的时候，就说明不爱了或者不够爱了，这就是真相。

你考虑过我的感受吗?

有个流传很广的段子说的是男女吵架时的内心活动,大概意思是:“男人吵架的时候想的是发现问题,分析问题,解决问题,安抚问题;女人吵架的时候脑子里想的只有一句话:你考虑过我的感受吗?”似乎这个段子很权威地告诉女人,男人就是个线性思维的动物,理性而冷酷,从来不考虑问题对于女性的影响和感受。作为一个高等生物的人类雄性,我得对这种低级黑男人的段子表示愤慨和唾弃,这让多少女人在遇到矛盾之后直接给男人多加了一条“不顾对方感受”的莫须有的罪名。

感受这种东西是人都有,而且从来没听说也没有科学家说过感受这种高大上的东西还分文理科、分雌雄。为什么有那么多人黑男人?因为这样才能讨女人的欢心,却殊不知口蜜腹剑这成语是自古以来就有的。好听的话说来容易得很,是个人都知道自己爱听什么,把自己爱听的话说给对方听自然就是对方爱听的话,因为好话都是千篇一律的顺耳,可蒙蔽心灵的多是阿谀和奉承。既然我决心写这本给女人看的书,就是要让女人知道大多数男性的真实内心和感受,不是坑,也没有讨好的利益,只想你们少一些擦肩而过的误解,多一些心灵沟通的可能。不是鸡汤,但绝对是实用手册。

樊胜美那样的女人

我很少看电视剧，但是最近电视台热播的电视剧《欢乐颂》还是让我中毒了。大概因为写情感故事写得太多了，帮人排忧解难打开心结的方式也是剑走偏锋，经常是非常毒舌地把一堆残酷的现实直接丢给求助的人，然后考验对方承受力的底线。在情感问题上，我更愿意置之死地而后生。那样才能彻底清醒，良药苦口，总比苦口婆心不知好歹要强。

我喜欢一句话："向死而生。"死都不怕，还怕放不下？！

其实我喜欢《欢乐颂》里曲筱绡的毒舌，因为她说的都是实话，就和我干的貌似缺德的事情一样。听起来让人难以接受——讲真，看我文章的人也很多，可是转载和分享却很少，我的一个朋友告诉我，因为你写得太真实、太狠，别人只敢偷偷地看，却没有勇气转载或者分享到自己的朋友圈。因为你把别人心里的话都不加修饰地说出来了。别人转了或者分享了，就等于认同你的毒舌观点……可是，如果我小清新了、唯美了、和颜悦色了，还帮得到那些当局者迷吗？！算了，就这样吧。最起码，我对得起跟了我这么多年的看客。用现在流行的一句话：我写字也追求匠人精神。不然，也不会几天才更新一次。

这篇文章我不打算给别人支招，我只想说说我家的老年“樊胜美”——我们家老太太，一个认为地球缺了她就不转了的樊胜美。

看了几天的电视剧，我跟我爹说了我的看法，他深表赞同。“我妈一辈子活得就跟樊胜美一样累，一直在和重男轻女的姥姥、姥爷证明她这个女儿比所有儿子都强、都管用，一个顶四个玩儿一样。所以她这辈子一直就为了这个信念活，活得让别人都替她累的慌。”

我爹说：“你妈要强，她这辈子挺不容易的。”

“她的不容易都是她自己作的，就跟这个樊胜美一样，她永远是那个接盘侠，不管自己接得住接不住，她都要接盘，就为了能在我姥姥眼里被高看一眼。”其实，我觉得，我们家老太太一直都有人性的弱点，就算是她把自己武装到了牙齿，她的弱点在我跟我爹眼里都是那么的显而易见。

“她也有她放不下的事：她的四个兄弟和她爸妈。就跟我和你妈病了，你不能不管一样。”我爹试图把我对老太太的认知往逼不得已的思路上引。

姥姥和姥爷去世有两三年了，我呢，虽然小时候被姥姥看过几年，小学一年级的第一学期也是在姥姥家那边上的，不过我经常写的还是奶奶和爷爷的故事。按我姥姥的话来说我就是“姥姥家的狗，吃完了就走。”从小我就听这句话。所以我并不觉得这是一句多带刺的话，习惯了。只是本能地觉得我并不是特别招我姥姥待见，但是我并不知道为什么。很多时候，我不愿意提我的姥姥和姥爷，是因为他们并不像我奶奶家的人那样，每一个人都语调舒缓，慢条斯理地讲道理。也许是因为奶奶家所有人都是中学或者是大学的老师——每一个人。

说起来，姥姥对我也不错。记忆最深的是上小学的那半学期，我爱吃鸡蛋炒饭，那半年我每顿都吃鸡蛋炒饭，以至于我现在见到鸡蛋炒饭就想吐。可那会儿，鸡蛋是要用全国通用粮票换的。基本跟现在顿顿吃牛排一个意思。还有被同学欺负了，姥姥总是带着我去找老师，老师不管就带着我去找学生家长，最牛的是直接去找一个军队高干，大院门口砸门，进门就数落那个将军不会管教孙子。最后说得那个将军让孙子给我鞠躬认错，而那个将军给我姥姥鞠躬赔礼……印象非常深！

我对姥姥的另一个印象就是她特别爱告状，那会儿我爸妈是双职工，只有每周日过来看我。每一次，我说的是每一次，姥姥都会把攒了一个星期的状告诉我爸妈。他们为了安抚姥姥让她消气，不至于甩闲话给他们听，于是就揍我。偶尔姥姥还会准备笤帚疙瘩给我爹揍我用。印象最深的就是有一次我爹揍我，把姥姥做衣服用的尺子打折了，然后第二个星期，姥姥给我爹预备了，半截扁担，说这个结实。我爹那次差点儿没把我打死。等我哭着从屋里出来，姥姥还埋怨我爹说："以后你们教育孩子别当着我面儿打啊，要不就跟我告状似的。"这句话印象极深，也是我很多年跟姥姥不亲近的原因。

一米四的小胖老太太，能生出我家老太太这么个一米七的大高个也是突破了遗传学的局限。我大舅和二舅都是一米八几的大个，从遗传学角度来讲，算是奇迹。

姥姥是四川人，三岁就跟着亲戚来北京定居了，之后再也没有回去过，直到她去世。虽然很小就来了北京，但似乎遗传学的基因一直作用在这个小老太太的身体里。我曾经跟姥姥说过："外婆，您得亏是生活在新中国，您要是活在旧社会，肯定是一个恶婆婆，别的恶婆婆都是用歹毒的手段挤兑儿媳妇，您不用，您就一张嘴干倒全世界的儿媳妇。我有四个舅舅，四个舅妈，这要是在旧社会，院里再有口井，那井早被跳井的儿媳妇填平了。"

姥姥去世以后，我妈和三舅开车带着姥姥的照片回过一次成都，找到了她说的那个老宅子。我妈带着姥姥的照片在老院子里转了一圈儿。跟这个厉害的小老太太说："妈，我带您回家了。"

我家老太太倒是没有继承姥姥那张厉害的嘴，就像她没有遗传姥姥一米四的身高一样。但是她继承了姥姥争强好胜的性格，这种性格遇到了重男轻女的家庭，就像《欢乐颂》里的樊胜美一样，简直就是灾难。

她打肿脸充胖子的事干得太多了，什么都要冲在四个舅舅的前面。我并不是说四个舅舅不好，虽然确实偶尔有掉链子的时候。不过因为有这么个抽风作死的姐妹冲锋陷阵，他们也乐得清闲，时间久了，他们的意识里似乎也形成了一种"不用着急，有妹妹（姐姐）呢"的心态。

老话儿说，一般家里有姐姐的，男孩都会比较弱，能力差。家里有妹妹的，一般男孩都会比较强，靠得住。老太太情况比较特殊，上面俩哥哥，下面俩弟弟。都风光过，也都失败过。所有舅舅的工作老太太都帮着调动过不止一次，所有舅妈的工作也都帮着调动过，还有各种零七八碎疑难杂症的问题。有些是必须求到她的，有些是她自己往枪口上撞的，还有一些就纯是人家不需要，她活该自找的，然后还费力不讨好。

为啥费力不讨好？因为她的心态，她总是在和姥姥的重男轻女观念打仗较劲，每干完一件大事，她都要跟姥姥表达一种“你看！还是养姑娘靠得住吧！”的意思，然后就会被一个小个子四川老太太极不领情地挤兑一通,然后舅舅们也会因为她的这个心态而并不觉得她好，或者说是觉得她帮得并不完美，有待改进和提高。

樊胜美就一个哥哥，中大奖了一样特别不省心。樊胜美永远是家里最后的保险丝、大招儿以及大保险。时间久了，家里所有人都觉得樊胜美就像是块海绵，挤一挤就能挤出点油水；感觉樊胜美就好像女人的乳沟一样，挤一挤总会有。有什么？——办法、钱以及一切。

我有四个舅舅，外加她自己生了个儿子，中奖的风险显然比樊胜美要大，所以呢，在我看来，现在那些自称女汉子的姑娘，跟老太太一比，简直不值一提，她这辈子没上九天揽月，没下五洋捉鳖，其他都干过了，还跟绑匪亡命之徒要过人。挺不容易的，心疼她，但是也气她。

老太太常说：“我这辈子没享过啥福，就剩下操心了。”我半开玩笑地说:“老太太，您这一辈子受的苦吧，也就三七开，顶多四六开。”

老太太不明白，问我什么意思。我说：“您在我和我爹这儿受的苦大概占您受苦总量的三成，最多四成。您在娘家为了跟姥姥较劲，证明她重男轻女的观念是错的，受了六七成的苦，浪费了六七成的人生幸福。”

老太太一撇嘴：“哪儿凉快哪儿待着去！”

“真的，就连姥姥去世了，您在墓地都习惯性地逞强，我那几个舅舅还在商量买不买墓地，怎么买的时候，您就情绪激动地把我刚提出来的住房公积金直接拍到墓地说，他们不买你买了。舅舅们都被你拍懵了。”我接着说：“也就是因为您这样，所以您受过的苦，别人并不会念您的好。”

老太太明白我说的意思，并没有说什么。

“妈，姥姥、姥爷不在了，您较劲的人已经不在了，不管他们走的时候是不是明白他们这辈子重男轻女是错的，这都不重要了。重要的是，您以后怎么活着。您得学会不逞强，您是个女人，六十几岁的老太婆了，您不再是女强人了，得懂得让自己紧绷的神经歇一歇。”我坐在老太太的身边拉着她的手说。

我之所以这么说是因为我二舅最近住院了，病情挺严重的，我妈又开启了逞强模式，每天去医院伺候二舅吃喝拉撒，从医院回来就躺在沙发上动都不想动了，然后第二天一早继续跟打了鸡血一样跑医院伺候送饭。以至于我二舅什么事都说要我妈办他才放心，二舅妈虽然也是大病初愈，但也说出了“他有他妹照顾呢”这样的话来。

我无权苛责任何人的价值观和认知，我只是觉得老太太的逞强让她自己不堪重负。我爹在尽最大的努力让她逞的能能有个圆满的结果。我是一个甩手掌柜，我伸手对于老太太来讲就等于是添乱，以至于每次我想帮忙的时候都会犯尴尬症。

我并不是愚孝的人，而且学过心理学，一直致力于让老太太放下那颗逞能的心，能让自己歇一歇。好在老太太确实比以前好多了。前几年姥姥还在的时候，她争强好胜的状态简直登峰造极，为了跟我打架的时候能说出最硬气的一句“我没沾你的。”以至于我给她和我爹花三万多买的按摩椅她几乎都没坐过。只有我爹每天捧场，所以才堵住了老太太恶心我的嘴，没让她说出“买那没用的玩意干吗”这样的话。

当女人当到这个份儿上，真苦！那些苦有一多半都是自找的，按我的话说就是有福不会享，不懂什么时候应该放手让别人来。总觉得别人都不行，就得自己亲力亲为，然后别人就像看傻子干活一样，内心独白也是：“她说了，我们都不行，所以就让她干呗！我们都不行。”最后，傻子被活活累死。

如果樊胜美不是每一次都冲上去解决问题，也许她哥不至于混蛋到那个地步。虽然这个理论听上去有点强盗逻辑，但是她让她哥觉得干什么都不用付出代价，有个妹妹给他擦屁股，这是一种最直接的纵容。苦吗？自找的！赖谁呢？

可怜之人必有可恨之处，我家老太太就是老年版的樊胜美。老太太总提亲情，说我冷漠，因为我是独生子女，不知道兄弟姐妹情深的心态。我从十几年前就义务给陌生人开导，化解感情危机。我并不冷漠，我对陌生人的热情比一般人都更三八。但是我理智，我会想办法让别人自己解决问题，任何方法解决的都是危机，并不能解决生活。生活只能靠自己越过越好。我相信亲人也一样。只是更亲的关系更应该冷静地梳理亲人的心态。

不得不夸我爹一句，做丈夫做到我爹这份儿上也是真够脑洞大开的，我爹的智慧真的是渗透在每一天的柴米油盐里了。所以不管外面多大的事儿，家里都还是风平浪静，气氛祥和。

特别虚地说一句，我就想送给老太太一个健康的心态，要强了一辈子，该放松放松神经，享受人生了。不光是我家老太太，还有很多为了反抗社会对女性不公和歧视的所有坚强的女性。那些对你不理解的人，你做什么他们还是不会改变他们的价值观和认知。那些理解你的人，你什么也不用做，不用证明，他们就从心里支持你、心疼你。**别为无足轻重的人毁了自己的生活，别为无关紧要的人伤了关心你的人的心。**

我不喜欢简体字，还是觉得繁体字更能表达中国传统文化，比如“亲”字。繁体的亲是左边一个亲，右边一个见。親人、親人，不见怎么親？！那可不是某宝店主跟每位买家说的那句客气话。

数落老太太这么老些个不是，恕儿不孝。

慢慢来

不知道是因为进入不惑之年还是怎么样，虽然青春眼看就不够用了，可是，我发现我的情感慢了下来。任何一个正值青春的男人都会充满激情，可是沉淀下来之后，会不会向往慢慢来？

最近听了一首歌《从前慢》，听着听着不自觉地就把手上的事情放了下来，静静地听，听着慢慢的节奏和歌词，回想着自己的从前，那个没有电脑、没有网络的年代，曾经给远在新加坡的初恋写信，那种盼望漂洋过海的回信的感受远比接到电话来得兴奋。即便是 BP 机横行的年代，我们依然没有变快，我始终不记得那些祝福的数字串，想念了，就跑过去见，那时候手机还是奢侈的板儿砖，公用电话的大妈也没有耐心给懵懂少年传情。于是因为不便，我们变得特别勤快，那时候所有的关心都透着实在。没有“多喝水，多穿点儿”这样的敷衍。那时的爱是我就在你门外，一个拥抱胜过救命的仙丹。

小时候的样子都在相册里，那时候对一个女孩子表达爱意最大的浪漫就是等到冬天下着大雪，拉着她的手在雪地里用树枝写她的名字，字很难看，但是她会羞涩地红着脸说“讨厌”。那个时候的浪漫就是陪她绕了很远假装顺路和她一起一边骑车一边聊天。那时候，大街上没有那么多汽车，她穿着难看的校服却是那么的好看。那时候我骑着“永久”，不用担心哪一天她被开着宝马的人夺了去。那时的慢，能容我深爱之后才敢表达，拉着手的兴奋远大于如今的赤裸相见。那时候没有遍布的快捷酒店，没有人会去想和自己的挚爱吃“快餐”。

我想慢下来，所有人告诉我这是一个快节奏的时代，你慢你就会被淘汰。那些认真和细腻都被快所替代，我们甚至还没来得及爱就已经分开。寂寞很快，快到电光石火就可以找到一个伴。快到第二天醒来，还是寂寞的自己。孤独很慢……孤独是贪婪的心根本填不满的，看着面前的姑娘，只想慢慢地从牵手开始谈谈恋爱……

这世界上任何事都可以快，只有情感需要慢慢来……这是一个女人可以控制的领域，为什么就要迁就大男人？好女人的善解人意并不是这样体现的，那些珍贵的，那些难得的，那些历尽时间的，才会特别特别珍惜。那些放慢的爱情有好多回忆，有手心里紧张的汗，有手足无措的结巴，有脸红，有羞涩，有偷看。我们为什么会怀念初恋？除了青涩，还有慢……那些慢是认真地阅读一本书，记得某一页的某一句；那些慢是认真地看彼此，到老都记得你笑得如此好看；那些慢是认真地听你说每一句话，就像从前的日记每一行都是你。

我们的快是因为信息，那些我们似懂非懂的大数据告诉我们要快起来，所有身边的人都在赶路，都在奔跑，都在着急地看着表、摇着手机，那些本该写下来的甜言蜜语都变成了没有想象空间的语音信息，那些本该意淫的东西，就这么赤裸裸地在我们的眼前和耳朵里呈现。我们的科技已经进步到我们没有理由慢下来。可是那些珍贵的依然珍贵，那些手工的，那些精巧的，那些精密的，那些难得的美丽依然那么奢侈。到底是我们快得怕被淘汰？还是我们在欺骗自己习惯廉价的快餐？

慢，并不是懒，一直慢慢地寻着认真的轨迹，看着你的那个爱人，一定不希望你草草地放任自己。我们的爱如此珍贵，珍贵到多慢都来得及。我们的爱没经历考验就付出，伤的到底是对方还是自己？女人总是抱怨遇到渣男，其实，如果你慢下来，会有时间让女人的天赋第六感去挑选，不必用身体去试那些渣男到底有多渣。时间会帮你过滤。

慢下来，慢下来谈一场记得住的恋爱，谈一场面红耳赤、呼吸急促、心如小鹿乱撞的小恋爱。如果是真爱，那些珍贵的耐心都会成为你付出的诚意。可惜，我并不能在女人情窦初开时就告诉她们这个道理，岂止是遗憾……

从前慢，有时间想很多关于爱的事情。现在快，快到脸靠打分，胸靠字母，腿靠厘米。一切感性的审美都具体成了字母、数字，所有的好看都变得具体。你突然发现，那些标准猥亵了我们最美的初恋。

我没变风格，只是写这些时一直在听《从前慢》，所以，每当要激动的时候，歌词都让我变得特别舒缓。**慢下来，在这么快的网络里格格不入地旁观，看时光隧道里那个曾经羞涩的少年。**

姑娘！请把汉子还给汉子！

女汉子是最近几年流行起来的新词，其实形容的是一类早就有的女人，过去，大家把这路姑娘叫“铁姑娘”。女汉子如果远观的话，给男人最直接的感觉就是像爷们儿，不女人，以及缺乏雌性激素内分泌失调的病人。汉子本来是形容男人的，结果一帮姑娘偏要砸场子，还口口声声说阴盛阳衰，所以逼得她们不得不汉子，我常听女汉子拍着胸脯说出她们是汉子的理由，这不是抢男人饭碗吗？

如果您不是铁了心真要当个汉子，也不是到岁数就出家剃度当个尼姑，又或者没有从心底认为你是一个男魂装错了女人的躯壳，那我真的要给您个中肯的建议：收敛！

再有能耐的女汉子也敌不过一个温柔贤良、善解人意的软妹子。这是真话。即便你认为你已经拥有了你想要的爱情，也得留神那些软妹子分分钟拿下你的爷们儿。举个简单的例子，所有女人都明白衬托的定义，选择闺蜜或者逛街的同性伙伴的时候连女神都要找腐女来衬托自己神一样的存在，你觉得一个男人是喜欢身边站一个叼着烟卷，跟他勾肩搭背，说话嗓门比他还大，吃路边摊对瓶儿喝啤酒，夏天就差脱光膀子亮护心毛的主儿呢，还是站一个软妹子呢？在软妹子面前，女汉子只有完败的份儿，即便不是分分钟就败那么惨，也绝不会活过三个回合，败就败在“软”这个字上！

软，分好多种，但不管哪一种都是男人喜欢的。我养猫，所以对软的体会颇深。我家养了两只公猫，虽然是加菲猫，但因为消耗不完的荷尔蒙让它们成天上蹿下跳的，抱在怀里感觉哪儿哪儿都那么硬，全是肌肉。后来，朋友给了一只母猫，养在老太太家里，胆子特别小，可是不管它再怎么紧张，全身都软绵绵的，跟把骨头剔了一样，特别柔软，所以我就喜欢抱这只母猫。人也一样，往浅了说，女汉子是一类身体素质特别好，动不动就能给办公室饮水机换个桶装水，登梯爬高换个灯管保险丝如探囊取物一般，修个水管通个下水道分分钟不在话下的全能型选手。按照女性的认知来说，男人如果娶这么个劳模回家简直太省心了。可是男人真不是这么想的。

作为男人，我得告诉你男人的特点和通病。首先，要知道一个所有男人都达成共识的道理：女汉子不是真汉子。她们不会像男人一样干完活就干完活了，一般女性的特点是干完活之后爆炸的副作用，比如唠叨，比如找茬儿吵架。和副作用相比，男人更希望你指使他去干活，虽然他可能八百个不情愿，但这比女人干完活之后没完没了地唠叨和吵架要强一百倍，至少男人不会因为干个体力活而影响两个人的感情。而女人干完体力活之后会产生一种“都让我干了要你个大老爷们干吗，整个一个活废物”的内心副作用，这个作用轻则唠叨，重则吵架分手，和干的那点活比起来，绝对属于丢西瓜捡芝麻的利益关系，所以男人根本不愿意女人儿代劳。

而且男人有点儿贱，而这贱是来源于雄性的本能。争强好胜原本是大自然里雄性动物为了争夺地盘和雌性而拥有的本能，在人类社会里自然也有。女汉子全能这个闪闪发光的优点刚得到的时候男人是觉得特别省心，可得看怎么说，如果这时候外面有个柔弱的软妹子求助，那他跟你这儿无法释放的保护欲就会找到合理渠道抒发出去。这也是大多数女汉子败给软妹子的原因。你错就错在你以女人的角色干了男人的事儿，术业有专攻，你让他省心，他就会让你不省心，这就是男女相对论。

我有一个男性朋友，是个摄影师，历任女朋友都很漂亮，不过我们一致认为他的前任是最靠谱、踏实，也是他至今想起来都后悔不已错过的一个女孩。这个女孩还不是实际意义上的女汉子，只是个性特别要强，自尊心也特别强。当时我这个朋友身边有一个外地来京闯荡的小野模，而他的女朋友是艺术学院表演系的高材生。小野模交过很多男朋友，而他的女朋友跟他是初恋，两个人根本就没有可比性。可是他的女朋友也因为是初恋，又是学要命的艺术，所以对于感情的纯粹与否甚至到了情感洁癖的程度，进入经常纠结于我这个朋友在回答她爱不爱她的问题时眼睛没有和她四目相对而哭一宿的状态，按我的说法是不会爱，有点儿作。这个时候小野模出现了，只身来北京，举目无亲的时候拍个小活儿认识了我的这位朋友。说来也巧，正赶上他和女友冷战一个月的临界点，小野模当天就把我哥们拿下了。然后哥们特后悔，给野模租了个房之后想划清界限，结果野模闹自杀……不过，听说是拿塑料尺子割腕——你懂的，拉半天就是个红印子。而那头哥们女友还在纠结、冷战，朋友圈各种晒坚强、晒独立。于是，结果自然是小野模上位成功，而哥们的理由就一条："她（指女友）离开我可以过得很好，而她（小野模）离开我就不能活。"

男人就这么傻……这世界谁离开谁都能活，而真离不开的总是装着离得开；真离得开的反而装作离不开。所以真爱就这么错过了……

他其实就死在最有男人特点的一种心理上了,说好听了是保护弱者,说不好听就是满足大男子主义情怀。即使一个特别不起眼的男人也渴望一个在女人面前展现男性魅力的机会，女人把男人想得太简单了。虽然男人确实挺简单的，可也比你们想象的要复杂那么一些……虽然男人多数时候是靠荷尔蒙控制的，但对于男性的尊严，每一个——我说的是每一个男人，没有例外都是非常渴望的！在男人眼中，尊严等于异性的态度和视角。男人都渴望自己的女人崇拜自己，而多数女汉子的男人都是被呼来喝去的，男人无法从你这里得到面子的时候，找出路是自然反应。

姑娘们，女汉子这个词在男人眼里是个贬义词，我确定，在所有男人眼里都是贬义词。你们在单身的时候怎么汉子都无可厚非，因为那是生存之道，可当你们名花有主的时候，应该是旱花得雨般的妖娆与艳丽，而不是继续汉子下去，这才是女性择偶的生存之道。

自古矫情多薄命

我认识一个姑娘，特别矫情，矫情到什么程度呢？男朋友和她一起过马路，忘了拉她的手了……这姑娘一直从牛街哭到崇文门，嘴里反反复复就一句话："你没以前爱我了。"然后就自顾自地黯然神伤地徘徊在两广路上一直从牛街走到了崇文门。据说是她男朋友一路都试图拉着她的手重走长征路再过一回马路挽回这么一个"悲催"的局面，她愣是不给男朋友那个脸。当她自豪地在QQ里说她是怎么让一个男人为了她绞尽脑汁认错服软就差当街下跪的时候，我愤怒地打断了她的叙述，然后跟她说："自古矫情多薄命！只是未到爆发时！"

她很不以为然地说："这叫御夫术！你懂个屁啊！"

我说："你知道林黛玉吧？她纠结起来能让贾宝玉一愣一愣的，最后怎么着了？——死了！"

她回："那是因为贾宝玉被骗，娶了薛宝钗，林黛玉那是被气死的！"

我说："她不矫情她能气死吗？！好，就算贾宝玉没娶薛宝钗，最后有情人终成眷属了，天天俩人就吟诗作对。我把话放这儿，如果林黛玉这样的姑娘要是给贾宝玉生个孩子，孩子还没出生呢，贾宝玉先被活活折腾死。当然，就林黛玉那个小身子骨生不生得了孩子还两说呢。说到林黛玉的小体格，我也得说一句，那跟曹雪芹的悲剧压根就没多大关系，就算是个现在的普通人，天天忧郁得跟个心兜儿似的，就没有高兴的时候，按现在的话说天天跟个霾似的，不得个绝症都对不起她那纠结的气质。这也就是古代，都是平房四合院，这要搁现在，贾宝玉他们家怎么也得是动不动迪拜塔那种奢华公寓的顶层观景复式大豪宅吧？说不定哪天林黛玉就纵身跳下来，坠落途中还得吟首五言绝句，最后再感叹一下自己的遗作不能被知己知道和欣赏，然后想着俞伯牙摔琴谢知音的段子转体三周半落地，这才算完。”

姑娘半天没回话，过了好一会儿才回了句：“我又没有抑郁症，我就是觉得他对我的每一点细微的变化我都受不了，我受不了他没有之前那么爱我，受不了他不像刚认识我的时候那样在乎我，那种比较你们男人不会明白的，那是一种被欺骗的感觉，越想越悲伤，眼泪就控制不住。”

“姑娘，你是不是法制频道调解家庭纠纷的节目看多了？看得你都有被迫害妄想症了？！”我无奈地问她。

“我从来不看那些节目。”她回复道。

我说：“你真的特别矫情，而且这种矫情建立在一种假设的条件下，所以你的矫情一点儿也不小清新，相反，特别欠抽，特别高冷。从心理学角度上说你这叫被迫害妄想症，从社会植物学角度上讲你快烂到根儿上了。总而言之一句话：你这是病，得治！药不能停。”

她回复了一个愤怒的表情，我也调整了一下心态，以一个二把刀心理学家的立场给她分析了一下她的处境：“不开玩笑了。说正经的，就你形容你男朋友那表现，反正我做不到，从牛街一直哄到崇文门，光走这么老远就已经足以证明人家那颗悔过的心了，没拉手什么都不代表，这要搁古代随便拉女朋友的手那就叫肌肤之亲了，你就得立马儿嫁给他。刚开始暧昧，那时候什么关系都没确立呢，就靠拉个手不被甩开来证明跟你有戏呢，当然见天儿拉着不放了！谈恋爱初期男生拉女生的手压根就跟关心扯不上关系，拉手这件事在男人眼里就是个里程碑，你懂吗？”

“你看吧！我说的没错，男人就是想占女人的便宜，得到以后就无所谓了。”她似乎找到了破绽一样插话道。

“我就特别腻歪女人说男人占便宜这种话，首先就把男人假设成了流氓，而不是结婚的对象，如果这个人将来是你的丈夫，拉你手是占便宜吗？睡觉都不叫占便宜。法律都规定夫妻生活是夫妻应尽的义务。什么是占便宜？不以结婚为目的的谈恋爱叫占便宜。可是我告诉你，真不以结婚为目的的谈恋爱要是碰上你这样的姑娘，男的只要得手，早就跑了，谁陪你哭天抹泪的谁脑子有病，只有铁了心要娶你的爷们才这么觍着脸求你呢，好吗？”

“那他不顾我的感受就是没有以前爱我了。”姑娘明显理屈词穷地强词夺理了。

“真爱是得表达，除了语言还有行动……”

我还没说完，她就插嘴说：“就是行动啊！他没拉我的手过马路，如果我被车碰了怎么办？”

“如果你被车碰了你就是脑残，你就是低能儿，你就是活该！你多大了？你什么时候认识他的啊？你认识他之前要么没过过马路，要么就是生命的奇迹啊！我说，你长这么大真不容易，我都替你爸妈万幸，养你这么个姑娘有多提心吊胆。我怎么早没发现你这么肤浅呢？行动就是拉手啊？你跟拉手干上了，是吗？人家一个大老爷们求你一路，你自己都说就差当街下跪了，这不是行动证明啊？这得多爱你才这么瞎了眼一样地陪你这个奇葩矫情啊？！”

“他宠我是应该的，我是他女朋友。”姑娘最后狡辩说。

“凭什么是应该的？！因为你是他女朋友？！三条腿的蛤蟆不好找，两条腿的姑娘满大街跑，他凭什么宠你？！因为他爱你。好！那你告诉我他凭什么爱你？！因为你一吵架就一宿起步？！俩星期不说话？！仨月翻翻旧账？！没事找事拿吵架当解闷儿？！你要是个男的，遇见这么个姑娘你要吗？”

我此时已经属于穷寇莫追的指导态势的训诫终于让姑娘幡然醒悟了。对方状态显示正在输入很久之后，回了三个字：“我错了。”

我说：“你不是跟我认错，我又不是你男朋友，你也不用正儿八经地跟他去认错，只要以后别这么跟他瞎矫情了，比认错强。看样子幡然醒悟是有了，就是不知道您老人家能不能痛改前非——估计悬。这样吧，你每次要跟他没完没了地矫情之前，问自己三遍：‘凭什么？我凭什么这样对他？他凭什么这样让着我？我凭什么让他爱我？’问完你要还能肆无忌惮地发火，你就是个无可救药的奇葩。我只能帮你到这儿了。”

“我记住了，谢谢你。”姑娘发了个微笑之后下线了。其实矫情总被一些姑娘误认为是一种小清新的唯美主义气质，我真得告诉你们这种认知是一个坑，埋了不计其数的姑娘。有的姑娘明白了，改了，也真有不明白的姑娘认为还没遇到那个懂自己的人。

其实你错了，懂你的人都被你吓跑了。

被数落得跟孙子一样

男人最恨女人的一点就是数落——不是唠叨，是数落。唠叨只是车轱辘话来回说而已，每个女人都会唠叨这门绝技，所以相应的男人也进化出了充耳不闻的绝技，貌似诚恳地倾听，实则左耳进右耳出的状态是大多数聪明男人对待自己女人唠叨的办法。唠叨的种类也很多，但情侣和夫妻间的唠叨基本上全是对于日常生活中鸡零狗碎的反复咀嚼以及对自己男人的各种叮嘱，在男人眼里，这些善意的叮嘱一遍叫关心，两遍叫非常关心，三遍以后都叫唠叨。烦归烦，但是绝大多数男人都认为唠叨是女人的天性，也是她们表达关心和重视以及舒缓压力的一种方式，总而言之，唠叨在男人眼里是女人善意的行为。

数落，是个男人——应该说是个人就恨。拿最简单的开车这件事来说，女人开车，男人坐副驾驶，女人开得慢了男人说她胆儿小、面瓜、肉；开得快了他又说她彪悍、愣、没谱儿。然后就是一堆形容词的挤对，最后落在“女人开车就是不靠谱儿”的最终结论上。本来姑娘开车就容易被欺负，车里再坐个在耳根子底下数落自己的，一般的结果都是“把老娘惹急了！老娘不开了！你开！”遇见脾气暴的有可能就把副驾那数落她的男人给轰下车去。可是两个人的位置换过来，男的开车，女的在副驾，男的一般都是忍气吞声以和为贵，什么都不因为，就因为他是个男人。

如果你觉得开车数落是为了对方好，属于善意的，男人记恨就是小心眼儿，那么我再举另外一个例子。

有些姑娘的行为特别愚蠢，明明心里已经下决心就嫁眼前这个男人了，但是嘴特别不善良，说她得理不饶人或者刀子嘴豆腐心都属于表扬她。说真的，一个男人最希望找到的终身伴侣是能把自己当作偶像的，最次也是比旁人更加欣赏自己的，所以才愿意以身相许相伴终生。您要是跟他在一块儿无时无刻不在挑他的毛病，而且是事无巨细地挑，那就麻烦大了。比如，饭馆吃饭第一筷子夹给谁了；比如谁先挂电话；比如逛街总是走马灯；比如穷；比如丑；比如胖；比如矮……说一次是玩笑，说两次是走心，说三次以上就是心存芥蒂的侮辱。可能女人看到这儿会觉得我小题大做，觉得这是作者小心眼儿，自己男人就不这样……你错了。有的是面带微笑听完你数落回头就跟哥们吐槽的，开场白通常是："看不上我还他妈的跟我？"——这才是真心话。

没错，男人不会想你是刀子嘴豆腐心，不会想你是心直口快，人类的第一反应都是负能量，正能量是需要愉快的心态去调整的，所谓积极的人生观都是调整出来的，没有人一开始就能积极面对，更何况是一个他十分喜欢的人三番五次地数落他某一点或者某几点不是的时候，他的第一反应是："怎么在她眼里我就没有好呢？"第二反应是："她到底喜欢我哪儿呢？"或者是"她到底喜不喜欢我啊？"轮到第三反应的时候男人也许才会尝试用"她就是心直口快"或者"她是刀子嘴豆腐心，全是为我好"这类积极向善的词句来宽慰自己，让自己想开一点儿。

不排除有男人就喜欢女人数落他，但你要祈祷从遇见你到他死，这个男人都悲剧得不会遇到一个欣赏他的女人，如果遇到，就有可能敲响你俩感情甚至婚姻的丧钟。别怀疑这一点！最不要脸的男人对面子的渴望也是你无法想象的！

异性的崇拜比女人的风骚和卖弄性感更容易攻破男人的心理防线，而且是对高、中、低端的男人都有明显的效果。

如果你打算跟他在一起，数落这种伤感情的教育方式还是尽量少用的好，别以为男人真的可以大度到每天都听着你的数落过日子，那是不可能的！也许你身边的他现在还嬉皮笑脸地应对你的数落，那只是因为他还没遇见那个崇拜他或者是欣赏他的女人。别忘了，男人比女人现实得多！

空手套白狼

一个加了我微信的姑娘，在微信里跟我说她在酒店工作，在商务中心帮客人复印文件时认识的他。这种类似口水电视剧的邂逅方式，我真无力吐槽！后来他和她互留了电话说以后方便找她帮助批量处理商务文件。这么一个冠冕堂皇的借口十分水到渠成,结果从当天开始，这位商务人士就有事没事地跟姑娘短信逗闷子玩儿，说什么她是他在北京的小情人之类明显精虫撞脑门子把持不住的话，姑娘还算聪明，没当真，不过该死的好奇心还是驱使她有一搭无一搭地回几句嘴，具体回什么姑娘糊涂车子也没说出个所以然来，不过我估计应该比“讨厌”“死相”之类明显从了的假招子矜持许多，毕竟姑娘工作环境就是和各色人等打交道的地方，基本的警惕性还是有的。那位商务男回到了自己居住的城市——香港。

俗话说：不怕贼偷，就怕贼惦记；俗话还说：苍蝇不叮没缝儿的蛋。那个男的回香港以后每天给姑娘打一个电话，纯逗闷子加调戏，结果……真是精诚所至金石为开地纯靠电话就把姑娘的小内心叩动了。她用仅存的一点儿崩溃型防火墙智商在微信里问我如果一个男人每天给她打电话是喜欢她还是想骗她。以本人一向的警惕性，姑娘上来就问是喜欢是骗，估计对方不是善茬儿，于是我说：“那得问你自己有什么他能骗走的东西。如果是性，就抻着，骗色的一般没那么大耐心跟一个姑娘死磕，能死磕到底的基本就是真爱了。”结果姑娘想了半天回我一句说：“如果我要告诉你一件低能智商的事——我喜欢上他了呢？每天都想他，接到他电话就高兴得不得了。”姑娘为了表示对方不是玩儿还着重说：“他最近一直在香港，每天还坚持给我打电话。”我说：“既然你问到骗，我就跟你说一种现象，有一种男人就是纯闲的，就为解闷儿，每天打电话就为了引姑娘自作多情的也有。”姑娘似乎不认同地说：“他年纪很大，也为解闷儿？”我问大多少，她说：“他四十多，我二十三。”然后就说了前面交代的那些认识方式，接着补了一句：“他说我是他在北京的临时女朋友。”

这不扯淡吗？人都说出这话来了，你是盼着有朝一日明媒正娶吗？！其实我说什么都是废话，姑娘问我那男人是不是骗她的时候心里早就有准谱儿了，只不过那男的在某些方面有吸引和让姑娘放不下的地方，比较诱发做梦的因素和条件，使姑娘一直逃避这些秃子脑袋上的虱子——明摆着的问题。于是，我言简意赅地回了四个字：“玩儿，确定。”本来我想说白玩儿的，可毕竟那男的也花了不少电话费，算前期投资不能忽略不计，所以白字还真委屈了那厮。姑娘回我说：“哦……明白了……我尽量控制……谢谢。”我一看这语气，完蛋了，姑娘估计是没法儿控制，于是我尽人事地说：“玩儿得起就玩儿，玩儿不起别瞎闹。”结果这缺心眼儿的姑娘回我一句：“学着玩儿的阶段……”

明白什么叫对牛弹琴吗？！真的，原来我不相信，现在我信了，自己知道前面是坑，别人也告诉她前面是坑，坑是坑，她还跺着小碎步往里跳，还亮相跑一大圆场儿手捻兰花指冲你喊着“我跳了！我跳了！”跳进去的。这就是必须用两个字来形容的行为：活该！这就是典型的自作孽不可活。看着一个即将诞生的小情人，我真是五味杂陈，有这么一种姑娘的苦情，你必须听完了前因后果之后再看值不值得同情，还是啐一口唾沫甩一句呸！怎么没摔折你四条腿？甭一吃亏就说被欺骗，被逼无奈。谁逼你谁是那个！这种明摆着送上门的我只能说活该！也许你会辩驳说是真情流露难以把控，在我看来，我懒得说的一些时髦的隐情才是瘙痒之处。

前些日子姑娘突然微信蹦出一句：“我玩不起，所以趁他现在在乎我，要求他天天打电话给我，哄我开心。”我回：“你这叫正宗的找玩儿。”又过了些天，她发微信说：“我玩不起了，前两天朋友怂恿我逼婚，结果他就再也不理我了。”复制发送了四次，我也没回。我心里话说：“醒醒，该上班了。”

用我微博的话说：“总有一些姑娘，**总有几个坑不是靠看别人摔过或者别人告诉她前面有坑就可以躲过不摔的，比如信任，比如爱情，比如自以为是。**”其实碰上这样的姑娘缺德点儿应该就顺着她的思路鼓励她、怂恿她，早点吃亏早点醒，然后该干吗干吗。既然不可避免，不如照屁股一脚，还解了恨，多好！

好马不吃回头草

分手，只要不是自己提出来的，都会难受，即便你心里早就有了这个念头，也会觉得对方提出分手的一刹那难以接受，更何况多数情况下，对方提出分手都是让那个依然爱着的人措手不及。绝大多数人的正常反应是去试着挽回这段感情，有些人成功了，有些人失败了，这都是废话。好吧,那我就说说真相！真相就是不管是成功还是失败，你都是个失败者，因为你挽回的只是恋人的关系，却无法再得到从前那段感情了。

破镜重圆都是美好的愿望，可是现实很残忍。你依依不舍的是曾经对方对你的好；你想挽回的也是对方曾经对你的好；你指天发誓要珍惜的还是对方曾经对你的好；你哭着让对方再给你一次的机会也是再像曾经那样对你好。也许成功是因为对方感情还在，或者下不了狠心，但那些曾经必定不复存在了。因为对方心中希望你嘴里说的改变和珍惜就是过去对方对你做的那些好。这样挽回的感情对你而言其实很糟糕。当然，在这么个节骨眼儿上，你肯定特别乐意看到感情有回旋的余地。死人放屁——有缓儿！代价就是，死了的人又活过来多受会儿罪。

我认识一个女孩，总是用分手来要挟她的男朋友，在两个人好的时候，她又千娇百媚地跟男朋友说："亲爱的，如果咱俩吵架我说分手，你一定要抱住我不放手，不然你一松手就把我弄丢了。"说这话的时候梨花带雨的，把她男朋友心疼坏了，于是在她俩两年多的恋爱过程中男孩总是遵守这个原则，即使女孩吵架说分手越来越认真，越来越不好哄，男孩都在心里告诉自己："她只是脾气上来了，气消了她还是爱我的。"女孩和男朋友吵架的时间越来越长，男孩明显感觉姑娘越来越不好哄，吵架从一晚和好变成三天、一个星期、最长的时候两个星期。终于有一天，姑娘又一次爆发了，哭着提了分手，男孩觉得这次差不多应该是无可挽回的了。于是平静地走到女孩身边，用力抱了抱女孩颤抖的肩膀。姑娘还在发脾气，并没有发觉男孩过来抱她有什么异样，只是奋力推开男孩。男孩被推开的时候脸抽搐了一下似乎是在下最后的决心，站定在通向大门的客厅深吸了一口气说："如果你真的觉得不爱我了，如果我已经不能让你快乐了，如果你和我在一起这么痛苦……我同意分手，我希望我的离开能让你快乐起来。"男孩说完转身走出了大门，走出了他俩租住了两年多的房子。他听不到身后姑娘的哭声了，男孩想：这真讽刺，我同意分手，她就立刻不再哭了，这是有多高兴听到我同意分手的消息啊。他不知道，其实，女孩是因为出乎意料而惊呆了。

接下来的三个月里，姑娘用尽了办法向男孩道歉，每天打电话哭着说自己知道错了，希望他回到她身边继续爱她，她一定会珍惜男孩的爱情。下面，关键的来了！男孩的心理随着女孩的哀求和道歉产生了变化，这是一个从感情奴隶直接晋级成为主人的心理跨越。通俗地说就是心理上直接翻身农奴得解放的感觉，你听说过刚解放的时候农民是怎么斗地主的吗？被哀求复合的那一方一般就是这么个心态，除了变心有第三者之外，不管是谁的错，提出分手的和希望复合的之间的关系就像极了翻身农奴斗地主。

侮辱是免不了的，因为这是自取其辱，但凡是最后破镜重圆的，一般都是明镜高悬着一把剑（贱）！时刻提醒你：你说的改是怎么改的？你说的珍惜是怎么珍惜的，你说的要把自己全部付出毫无保留是怎么做的呢？亲，你觉得你争取回来的是个爱人还是监工？一个时刻都在看你如何“改变”自己让他（她）满意的恋人还有脑子去想怎么对你好吗？！这就是为什么好马不吃回头草，因为回头草多数都是黄连，而你会深刻体会什么叫哑巴吃黄连——有苦说不出。

我前面举的例子似乎和这无关，又像是在美化男性，可我要是举一个男人分手的例子，姑娘们会觉得这是一株值得挽留的回头草么？举这样的例子只是想告诉女人一个现实：不管多好，多舍不得，多放不下，分了就别再回头，回头追回来的一定面目全非了。因为你再也没有爱情的主动权了，你所有的底牌都被对方知道了。

在感情好的时候珍惜，在错过感情的时候尘封记忆。你可以幽怨地跟他说一句：“我会变得很好，很温柔，会学着做一个好女朋友、好妻子，会改掉我的坏脾气。可惜你都看不到了，谢谢你在我最不好的时候出现，让我知道如何做才是好的。”此话一出，走你的路，让前任别扭去吧。

恋爱亢进综合征之大嘴巴

恋爱亢进综合征其实有点儿像甲状腺亢进，说白了，就是身体需要甲状腺分泌激素，但是甲状腺特别积极地分泌了超出身体需要的甲状腺激素，就成病了。谈恋爱需要热情和积极的态度，但是过分热情和过度的积极就会让对方感觉害怕，通常恋爱亢进综合征都是男人得的“病”，吓跑女人。而且中国有这么一句俗语叫作:“男追女隔座山，女追男隔层纱。”意思就是女的倒追男人一般都是手到擒来的事儿，误导广大的腐女和女汉子错误地认为：只要被老娘看上了，老娘一展开追求攻势，男神必定是手拿把攥轻而易举就能拿下的。这坑简直惨绝人寰深不见底!

我听过这么一个故事，真事儿。有个姑娘三十好几了，还单着，个头一米七，大长腿，长得挺好看，身材也不错，英语八级高学历，毕业后在香港工作。这样条件的姑娘按说就算不靠家里不靠男人也能妥妥儿地做白富美了吧？！可就是她，回回谈恋爱被甩，压根儿是她跟自己的男神刚开始暧昧就把对方吓跑了。可能你觉得是她要求条件太高，所以她看上的都是超级高富帅，那你就错了，据说她的择偶条件还真不高，完全是那种“跟着感觉走，紧抓住梦的手”晕着来的一见钟情型女花痴，坏就坏在花痴这俩字上了……

每次这姑娘一有了新目标就跟自己的闺蜜好友开始描绘这男人怎么怎么好，有多绅士、多体贴，完全一副深入了解很久，已经享受过关爱之后来发表产品使用体会的架势……其实男方压根儿还不知道有这么个花痴看上他了呢。要知道恋爱这种事再怎么美好，参与的人一多，就难免人多嘴杂，碰上狗头军师算是好的，要是碰见那种羡慕嫉妒恨的，跑到对方那里说你坏话那就属于活该了。再加上现在微博、微信的这圈套那圈，套着套着就成一个泛朋友圈，难免身边好友闺蜜就掺和进这段还没开始的恋情。有句俗话叫作“好事不出门，坏事传千里。”当然谈恋爱肯定是好事，但是所有没有挑明的爱慕也好暧昧也罢都被划归到八卦的范畴内。你懂的，八卦这种嚼舌根子的话题从来都是茶余饭后的谈资，谁愿意自己的爱情成为别人的谈资呢？尤其是对方不知情的情况下。所有不是你亲口告诉对方的感受而是通过别人的嘴传到对方的耳朵里时，男人的第一反应是意外；第二反应是你嘴巴好大，我都不知道就到处说，弄得我身边的人都知道我，这个当事人还不知道；第三反应就是被逼宫，这是非常不好的感觉，有种被你绑架感情的压迫感。

女人根深蒂固的“女追男隔层纱”的概念真是错得离谱。要知道：但凡是需要郑重其事走向婚姻的爱情，男方都是很慎重的，负责任这件事对男人而言是最大的事,所以没有任何可能一个女的跑过来说“我喜欢你，咱俩谈场以结婚为目的的恋爱吧”的时候，男的连脑子都不过就同意的。除非是做了细致的前期工作，男人对你也有好感，只是赶巧了姑娘你是个急脾气抢先一步把窗户纸捅破了，这种你有情我有意的抢白不在我说的这个范围里，这种情况下男的要说是女的追的他，那纯属得了便宜还卖乖。

我说的这个姑娘可不是这样，她跟自己身边七七八八的人说了个遍之后，男方觉得她在制造不好的舆论压迫自己就范，很自然地对传到自己耳朵里的传言进行否认……得！一段本来可以开始的恋爱，在她还没跟男方表白的时候就已经被对方拒绝了，这真应了那句网络流行语："不作死就不会死！"

男人喜欢的表白方式是：姑娘你喜欢我就直接跟我说，成与不成的咱们再商量，你别弄得身边的人都以为我跟你是恋爱关系，我还不知道你是哪位呢。没几个男人喜欢以被逼就范的方式开始恋爱。因为毕竟是男人，男性的顺从只会因为危及人身安全的武力胁迫、丰厚的利益或者深厚的感情。没有这些前提，逼他顺从听话就是做梦！

你需要什么类型的安全感

关于恋爱年糕这个问题真的是仁者见仁，智者见智。有人很喜欢黏在一起，恨不得做连体人才踏实；有人就特别不喜欢黏在一起，感觉自己的私人空间不管什么时候都是神圣不可侵犯的。如果俩人都是缺乏安全感的年糕，那就是臭味相投一拍即合；但如果一个是个性独立，一个是安全感缺失，那这俩人的感情从一开始就能猜到结局——一定是个悲剧！在大部分男人的意识里，绝大多数女人都需要从恋爱中寻求安全感，只有有了安全感，感情才能稳定下来。

这里得说一点，女人总是希望男人可以理解女人的感受，但是你们严重忽略了男性思考问题的方式和女性的不同。女人的感性总是会寻求一种心理舒适的解决方案，即便这个方案是拐弯抹角、费时费力、事倍功半也无所谓。和女人解决问题的方式相比，男人解决问题的方式不管怎样都显得简单粗暴。所以当女人跟男人抱怨没有安全感的时候，男人脑子里会蹦出能够带来安全感的具体东西，比如要时刻在一起，比如要有车有房。然后就会先入为主地对姑娘下一个黏人或者现实的定义，然后再想办法解决这个问题。

也许女人这时候正满心温暖地等着男人的一个拥抱，结果等来的却是表情沉重的男人来掰扯缺乏安全感这个问题怎么解决，于是失望的女人跟还没闹明白怎么回事的男人争吵起来，更加让男人确定自己之前的假设是非常正确的。结果，一个拥抱可以解决的问题就变成了适不适合的问题。

安全感这词太模棱两可了，有的时候安全感是情感需求，有的时候安全感是物质需求，还有的时候，安全感就是撒娇求抱抱。歌里都唱："女孩的心思你别猜，你猜来猜去也猜不明白。"所以姑娘下回得说清楚了，你要的安全感是什么。男人的思维模式注定在情感世界里有天生的硬伤，所以女人不能希望自己碰上的就是情商高的大情圣。真面对一个大情圣，您又未必玩得转人家，所以姑娘们对男人有要求的时候最好直白地说出自己的需求，要撒娇就说抱抱；要花时间陪就说孤独寂寞有点儿冷，需要对方温暖的陪伴；要是因为没有房子而没有安全感你就分析一下男人的经济实力，如果差忒远也别说出来刺激对方还落一个你现实拜金仇恨你，找个什么理由尽早分开，别耽误人家也别耽误自己。

确定自己要的是什么安全感，这无可厚非，每个人都有权利去追求自己想要的生活，关键在于你自己得先明白什么能给你带来真正的安全感。

爱人时刻都在眼前，时刻拥有，别无所求。真相来了！对男人而言，和女朋友黏在一起最大的需求就是性！不信？！那你试试和已经发生过性关系的男朋友天天黏在一起却不让他和你做爱，不出一个月他还黏你才见鬼了！

黏在一起，女人需要的是感觉，男人需求的是性，两个不同的目的达到共同的效果也没什么可非议的，你情我愿的同时达到了一个共同的目的，没有任何矛盾，所以也不必为了男人因为什么和你黏在一起而矫情，纠结这个也属于“作”。

土豪的爱情是啥样儿

有一句现在很流行的话："能用钱解决的事都不叫事。"但是对于男女感情来说，即使你找到一个土豪、大款，一卡在手天下我有，我估计，一个聪明女人想要长期维系感情甚至想步入婚姻的大门，这种现状都不是一个可持续发展的感情。这种状态的感情撑死了叫傍大款，这是比较善良的说法。在男人眼里，这就叫高级应召女郎，是绝对不会被考虑娶进家门的一类女人。别撇嘴，这绝对不是一个屌丝因为吃不到葡萄所以说葡萄酸，因为笔者不是屌丝。男人间的聊天是女人无法想象的直白和残酷的，曾经有一个和我家私交很深的房地产老总在我失恋的时候教育我："男人的世界里根本就没有女人，尤其是有钱有势的男人眼中，女人只是财富和权力的副产品，属于获得财富和权力之后的奖励。"我当时听了以后特别震惊，以为他是老太太请来开导我失恋情绪的说客,可是他说的话完全颠覆了我的世界观和价值观。

我曾经问他是不是因为他成功了之后才这样的，他的回答是:"如果我把女人当回事，我压根儿就不会成功，男人的成功是需要抛家舍业的。老婆孩子热炕头的有几个男人能有出息？"我很疑惑，因为在我的认知世界里，女人除了需要男人的爱之外，还需要稳定的事业和进取心，这两者是不矛盾的啊！不然为什么女人同时要求拥有这两样东西呢？结果土豪很直白地跟我说，娶老婆就要娶一个放家里放心的，至于保障嘛，给够了钱就好了。我问他不怕老婆出轨吗？他跟我说：这就是一笔买卖，双方都有约定，在合同框架里随便，出了框架自然要付出代价。然后他坏笑着拍我肩膀说：“等你到我这个程度，自然有人帮你看着家里，根本用不着你操心，懂吗？”

呵呵……我只能用呵呵来形容当时的心情，也许你会认为这是我在故意丑化土豪们的择偶观，是想破坏所有女人嫁入豪门或者是富家的梦想，让女人们被忽悠之后放低身价便宜屌丝青年。我得说明的一点是：无利不起早，我忽悠你们便宜屌丝对我有什么好处呢？！我已经是个结了婚有老婆的人了，我只是告诉你们一个真实的男人世界里某个阶层男人真实的想法，如果你说不能以点概面，那我就再给你举个例子。

我一个朋友的朋友，在上海做金融投资，实力据说是如果努把力可以在一小时内把国内一种农产品的期货封在涨停板十几分钟吧。这哥们留过学、高学历、刚四十岁，据我朋友说，这哥们在情场上有一句金玉良言：在他眼里，姑娘是用包衡量的，但绝大多数姑娘都可以在三个包以内搞定。三个包……这就是他眼中的女人，可他身边的女人可能一辈子都不会知道他的这些想法。

微博、微信朋友圈里谁没有几个八竿子打不着的绿茶婊朋友呢？今天在巴厘岛度假，明天就飞香港购物，后天又在马尔代夫潜水，大后天在普吉岛吃海鲜……东南亚是绿茶婊秀奢华的天堂——因为成本低……而且你得看看她们有几个能跟金主结婚的？放宽心，有钱、人傻、好骗的土豪越来越少了，土豪可以滥情，但他们的婚姻都是有利益关系的，灰姑娘只能陪玩，嫁不进去。别羡慕那些绿茶婊，那些都是用青春和身体换来的，你能踏实地看我写的字，应该就不是那样豁得出去的姑娘。

至少在中国，平等的关系来源于门当户对，不然就别指望在恋爱中被当作人看。**你会发现有钱之后，钱远远不能填上心里空出来的地方。**不装蒜也不高尚地说一句,小康之家最靠谱。即便以后大富大贵，也是夫妻共同财产，离婚也得分一半！这话够实在吧？一般人我不告诉她！

女人的价码

这次要说一个哥们的女朋友。这姑娘我见过，身材好，长得也漂亮，小巧玲珑的一水乡小姑娘，特别不局气地说，“事业线”好像挺猛。哥们很自豪地去哪儿都乐意带着姑娘。但是，他从很早以前就跟我抱怨，说小姑娘总跟他要东西，搞得他很烦，倒不是因为舍不得，就是觉得被要—买这种关系弄得特不舒服。哥儿几个只当他是抠门儿，都嘲笑他！前些日子我博客被他瞅见了，突然他就跟找见了“东方启明星”了一样死活非要约我单谈，我心里话说了：就您那点破事，我都不稀罕说。可架不住他见天的软磨硬泡，最后约一地儿，既然他伸脖子，我也就不客气日本料理地干活。

他很直接地问我一问题：“男人是应该给女人花钱吗？”

“你可以不花。”我看他一眼继续说：“没人规定男人必须给女人花钱，这都是你情我愿的事，一个愿打，一个愿挨。”说完我嘿嘿一乐。

他看着我说：“如果一女的跟你好了之后，就开始主动跟你要东西，并且没完没了的，你要不乐意她就一直跟你要，打架、撒娇、闹分手，你会怎么想？”

“都闹分手啦？！那就从了呗，给买了。”我说。

“你能认真点吗？！”他有点急了，于是我也严肃地问：“你还是说你女朋友的事吧！”他点点头说：“太郁闷了，那姑娘总给我一种感觉——我欠她的，就得从经济上弥补她，早知道这样我真不碰她！我怎么碰上这么一个姑娘呢？！”

“你别得便宜卖乖！”我笑着说。没想到他就急眼了：“看你博客里写的文章我以为你是一个明白人，干吗揣着明白装糊涂？！有劲吗？！”

看他急了，我很认真地跟他说了这么一件事：“我也认识一个姑娘，小女孩，总是缠着自己男朋友陪她逛街，然后总让她男朋友给她买她在路边摊看上的小玩意儿，然后跟我说：‘我不是想让他给我花钱，我就想让他给我花钱买东西，不要很奢侈的，小玩意就行，哪怕是手机链，只要是他买的我都感觉很幸福。’听明白了吗？姑娘找你要东西可能是这个心理，估计就是方法不对而已，引导引导就上路了。”

他琢磨了一下说：“还真不是，我给你举个例子，就拿电话说吧！开始是跟我要苹果手机加 3G 卡，说是上网玩手机游戏快点，我给买了个 iPhone5。然后没两天苹果出土豪金了她又想换手机，我说过俩月再买，刚买的 iPhone5，这会儿土豪金刚上市正贵呢，她就不高兴了，说我不爱她，然后去我家把我的备用手机拿走了说换着用，但是走的时候把俩手机都拿走了，我也没说什么，自己女朋友拿就拿吧，反正也是换着用。可她五一回家把手机转手送给她妈了，回来之后又管我要土豪金。我真不是小心眼儿，我就觉得特别别扭，感觉特像被算计了。”

我接着他说：“是不是她越要你就越不想给她买？”他使劲点头，然后说：“就算买了，我也不想娶她了，我觉着她就值这个钱了。说实话，我特感激老天爷给我这么一个如花似玉的姑娘，我发誓！孙子不想娶她，可是她这样我感觉更像嫖娼，真的！她付出身体，我付出金钱，她不断地跟我上床，我不断地给她买她要的东西，而且根本就不是你说的那美好的小玩意儿，她要的都是实实拍拍的硬货，18K 的白金钻石项链都是糊弄她，老太太送的玉坠子她愣能拿回老家首饰店做鉴定，做完鉴定还给我脸子看！哥们不是给不起，哥们就是觉得特像买春。”

其实很多姑娘都不了解男人的心理，男人是孩子，所以逆反心理很强，你越想他怎么样，他越不听你的。拿花钱来说，你越让他给你花，你得到的只是你要的，或者根本就得不到你要的，但是你不要，有可能得到的比你要得更多。当然您要倒霉遇见抠门的另说。我那哥们最后还是给姑娘买了手机，然后送手机的当天跟姑娘分手了，原因是姑娘让他给交房租，不是因为交不起，而是因为男的家里有房姑娘不住，说房子不是她的，要为她买的才去住，才是她的家……哥们据说听完之后拍拍正兴奋地玩新手机的姑娘说：“这就算送你的分手礼物了，我先走了。”说完站起来就走了。他也挺绝的，不过估计也给姑娘一次够震撼的教训。

在男人眼里美女是上天的恩赐，如果想用这恩赐去盈利，那就看你给自己定什么价了，不过定了价的那天就是美女开始贬值的日子，跟新车一样，买来开出了门儿直接掉价十分之一。但如果一个美女懂得感恩，懂得付出爱而不会去患得患失，那她在每个人眼里都是无价的。

思想决定你是商品还是人。还是那句话，既然爱，就别谈条件；又谈条件又说自己纯粹的主儿谁都看不起。有句话怎么说来着？当婊子立牌坊！是无价宝还是跌价王全在您自己一念之间，天壤之别啊！

该死的前任！

这个世界上没有大度的男人，只有不去想象的男人，看了这句话可能女人们觉得我是以小人之心度君子之腹，我只能遗憾地跟你说一句：“爱信不信。”如果给这句话加上一个真诚的界定，那必须是：“不听老人言——吃亏在眼前。”虽然我不是老人，但我是男人，好多当面不介意自己女友过去的男人都有过对女友叙述的前任耿耿于怀的经历。男人总是提醒自己，别去问她的过去，但是总是有一种贱贱的好奇心驱使男人去拐弯抹角地打探女友的过去。

女人的过去，不知道的时候好奇、闹心，知道了之后是堵心。大度和不大度的区别仅仅在于表现出来还是装作若无其事的样子背地里抽自己嘴巴去。除非这男人对你压根儿就不上心，才能做到对你的过去不走心。从动物学的角度来讲，雌性也是雄性地盘圈定的势力范围，狮子老虎的表现是有同类雄性入侵都要打一架，要是闻到别的雄性把尿尿到自己的地盘上，都要重点尿一下，新占了地盘都要把前任的孩子都杀光。动物是动物，但对于雄性基因里的本能，这种心理上的折磨真心没人能逃脱得了。

我有一个哥们，他的上一段感情是干了缺德事挖了人家的墙脚。按说挖了墙脚的人应该都心大着呢，不然怎么可能抢人家女朋友呢？！这哥们起初表现得特别大度，毕竟是从上一任那儿直接接手过来的，大家都心知肚明姑娘的情史是个什么情况，哥们一直都特别淡定地和姑娘稳定而愉快地发展着。本来这是一段有可能修成正果的爱情，就算开始得稍微有点儿龌龊，但只要最后是以结婚为结果的缘分就都叫好缘分。可是偏巧哥们遇见的这个姑娘也是个心特别大的主儿，他俩发生了几档子事，直接把哥们整成鸡贼小心眼儿外加神经病了。随后哥们开始好奇姑娘之前的情史，姑娘也是个痛快人，问什么说什么。于是他不光知道自己是她第六任男朋友，还知道姑娘其中两个前任变成了同志……

这是一个典型的犯贱给自己添堵的例子，这位哥们后来有一次帮姑娘收拾屋子的时候发现一本相册，相册里是姑娘和前任的照片，每张照片都有拍摄时间和当时的心情以及俩人的甜言蜜语。照片没有艳照，最亲密的就是亲吻拥抱之类的常规动作。但是，人都有想象力，你懂的。于是他崩溃了，爆发了，非要姑娘处理掉这个相册。姑娘觉得他小心眼儿，本来就是从前任那里横刀夺爱，应该知道她的过去是抹不掉的，徒劳地逼她把相册处理掉这不是自欺欺人吗？！有一个常规现象，一般痛快人都是有倔脾气的，姑娘倔劲上来了，就死活不同意处理，而且觉得男人小肚鸡肠侵犯了自己隐私，甚至有种自己瞎了眼怎么会看上这么个男人的心理变化。好好的感情就这么歇菜了，俩人最终不欢而散，各回各家各找各妈去了。

男人问你过去的时候，就算他发誓说如果走心、在意生气就天打五雷轰，出门让车撞死，你都不能什么都说；就算他发要是心里有疙瘩死一户口本这么接地气的毒誓，你都得当成是放屁！如果你想你的感情顺利发展，这种坦诚就算当时没什么副作用，将来的某一天也绝对会像粥锅里的苍蝇一样恶心你。

男人的大度只是不去想，成熟的男人都不会去问女人的过去，你觉得那是他风淡云清只在乎现在的你，不在乎你的过去？！成熟和不成熟的区别在这里仅仅区别在能否克制住自己的好奇心。不成熟的男人明知知道真相后给自己添堵但还是会先满足自己的好奇心来挑战自己的包容度，绝大多数男人的这种心理类似于好多吸毒者最初吸毒的心理，总觉得自己的自控能力很牛，根本不会被毒品控制，最后发现自控力在毒品面前就是个渣儿。同样，男人打听女友情史的时候的心态都是高估了自己的包容力，等知道了之后发现自己的包容力在心爱女人的过往情史面前就是个渣儿。成熟男人也许是因为经历过这些，也许是因为看过的人情世故多了，明白人性的脆弱，所以能客观地评价自己的包容能力而不去打听。**不知道是最好的抵抗。**

女人总是抱怨男人小心眼儿，觉得男人应该大度，在这个问题上，男人无法跨越人性的弱点，任何的大度与包容都来自于知之甚少，即便知道也是个大概，不会去了解细节。

记住！任何一段真诚的爱情都不包括向对方坦白过往的情史。过往情史对同性而言是八卦娱乐，对情侣而言，那就是一坨苍蝇屎。当他好奇的时候，你只需要认真地告诉他：“我的过去属于过去的我，我的现在和将来都属于你。”你营造出这种男权的归属感之后，一般来说男人就基本踏实了。如果遇见刨根问底不开眼的，劝你一句，慎重发展，你可能离中头彩不远了。珍爱生命，远离对前任好奇心过盛的主儿。

爱情的底牌在谁手里

每个人都有自己的底牌，也就是最后的底线，包括情侣之间。知道对方的底牌，在这场情感的博弈中你大概就能赢得先机。但是因为女人特性所局限，很多女生在感情中总是特别早就给对方亮出底牌。我这里说的底牌并不是用分手威胁对方，而是一些特殊的情感筹码。

我认识一个女孩，她和男朋友已经爱情长跑了很多年，那个男生我也认识，他俩属于大吵偶尔，小吵不断的情侣。两个人分分合合很多次了，对于他们的分手游戏我们做朋友的都已经麻木了。有一次，姑娘突然在微信里和我说他们分手了。我呵呵了两声就当没听见，狼来了太多次了，完全没有可信度，朋友们一致认为他们的分手就是为了增进感情陶冶情操的另类秘籍。可是姑娘说这次感觉不一样了，可能是真的要了结了。

我依然认为是开玩笑。她跟我说她偷看了男朋友的微博私信，男朋友和微博的一个好友吐槽她的种种不好和对她的不满意，而且还说如果再闹分手就顺坡下驴同意了，感觉太累了，不想这样纠结下去了。我听完之后觉得这是好事。如果爱人对你不满，而你不知道，哪天突然爆发了自己怎么死的都不知道。现在有这么个渠道知道了，如果是可以修正的，改了就好了，如果是误会，解开就好了。姑娘说当时她特别不理智地去质问她男朋友，而且把私信里的每一项内容都质问，说男孩跟别人颠倒黑白，在外人面前抹黑她的形象。可是让她意外的是，男孩听完之后特别平静地跟她说“既然你都看到了，我也就跟你直说了吧，我觉得我们两个不合适，只是我一直纠结，舍不得我们这么多年的感情。本来这些都是我的怨气，跟朋友倾诉一下，现在你全知道了，也没什么好隐瞒的，而且我觉得你既然知道了我的真实想法，大概我们今后也无法像以前那样面对对方了。不如就算了吧。”姑娘一下子就傻那儿了，男孩在姑娘没来得及表态的时候就转身离开了。

显然姑娘是抓到了男孩的底牌，其实如果不去摊牌，这张底牌可以让姑娘在这段感情中完胜。天底下最厉害的特异功能就是读心术，而姑娘偷看了私信中男朋友的心里话无异于获得了读心术，知道了男孩在每次吵架认错挽回她时的真实想法。别急着说这个男人两面派，人人都一样，没有人心甘情愿老是认错，并且是不管对错都要认错。但在男女感情中本身就没有对错的区分，分别只在于公认的男人应该让着女人的默契和共识。但是这种共识并不是建立在理所当然的基础上，它只建立在爱、感情和男人的度量之上。所以每当认错的时候，多数男人都是本着息事宁人的态度,这和心甘情愿完全没有任何关系，所以嘴上认错，心里不满是再正常不过的了。

一个聪明的女人不会咄咄逼人，会懂得给男人留退路，因为每一个男人在没有退路的时候都会本能地要混蛋。别质疑我的说法，风度只是尽在掌握的一种作秀耍帅而已，狗急跳墙和兔子急了咬人才是人类的本性。对方的真实想法不是用来对质的证据，除非你真的不想要这份感情了，那你大可以黑白分明地把话放桌面上说清楚。如果不是，那当你知道对方真实想法时的正确做法是占了先机之后该改变就改变，该沟通就沟通，能化解的化解，能缓和的缓和。

那姑娘问我他们的感情还有救吗？我说基本没救了。因为你知道他心里怎么想的和他知道你知道他心里是怎么想的完全不一样。前者你占了先机，可以尽可能地去挽救或者弥补；而后者是他知道你知道他怎么想的之后他会觉得既然你已经知道了，并且当面揭穿他的面具了，既然他没有退路了，那就哪儿说哪儿了吧。

本来是一件掌握先机的好事，当然我是特别不提倡偷看手机短信微博私信微信的勾当，但还是那句话，如果你能做到神不知鬼不觉，那我也只能说一句“干得漂亮”。对于这种勾当，只要不是偷情劈腿的大是大非，都不适合摊牌。偷情劈腿那叫你抓了个人赃并获，可是要只是抓了对方吐槽不满你就摊牌质问兴师问罪，那你纯粹就是想分手的节奏。你这样做的结果碰见贱点儿的可能倒茶认错，今后会更加小心地防备你，跟你真正隔了层防备的心；碰见干净利索的，既然你已经知道了，那就别各自耽误了，一拍两散。人家正纠结怎么挑明呢，你这叫送上门的作死。

不是所有底牌落到你手里都是用来亮的，有些是攥在手里心知肚明就可以了的。两个人的感情，谁先亮完了手中的底牌谁就会是输家，聪明的做法是，永远不要把自己的底牌早早出完。那样的话，你就只有听天由命的份儿了。

爱情变了吗?

有一个女孩 A，她骨子里是个十足的女汉子，但毕竟是女人，她也有心里非常喜欢的男孩 Y，每天关注 Y 的博客、微博的各种动向，而且也很细心地揣摩 Y 对女人的好恶，知道 Y 喜欢小清新的女人。终于有一天，A 看到 Y 的微博里说自己失恋了，在开车回家的路上从街边的便利店买了些猫粮去喂流浪猫，还说自己和流浪猫一样没人要了。于是 A 鼓足勇气给 Y 留了私信说自己也喜欢喂流浪猫，有机会一起喂吧。

于是 Y 和 A 见面了，每次 A 都是精心打扮自己，按照 Y 的审美打扮自己，而且收拾起自己女汉子的彪悍，把自己装扮成小清新的样子，和 Y 一起喂公园里的流浪猫，在公园的湖边坐着谈心。两个人熟了以后，他们一起去后海，但是却不进任何一间酒吧，只是围着后海散步聊天。终于，Y 同意和 A 做男女朋友了，两个人像很多情侣一样住到了一起。可是 A 也开始暴露了她女汉子的特性，脾气暴躁、从不收拾屋子,很邋遢地把内裤积攒到没的穿了才去洗。而且 A 养猫，养了 6 只猫，虽然此时的 A 对待 Y 的时候很缺乏温柔，但是她却是一个十足的猫奴。和 Y 住在一起也同样把 6 只猫都带到了 Y 家。于是从没养过动物的 Y 开始有点儿不适应这种生活环境。于是 Y 用开玩笑的口气对 A 说："原来你不是小清新，是一个女汉子。"A 听完之后爽朗地大笑，还非常霸气地说："老娘本来就是条汉子。"A 根本没听出来 Y 开玩笑背后认真表达的内容。

情侣生活在一起没有不吵架的，他们也经常争吵，但大多是因为猫。A 总是因为在她伺候猫的时候 Y 没有眼力架儿而发怒，或者因为 Y 没有经验没把猫伺候好而发飙说 Y 什么都指不上。有一次，Y 半开玩笑地对 A 说："其实你不用找男朋友，你只要有猫就可以很幸福地过一辈子了。"A 这次又发扬了她女汉子的豪迈特性顺着 Y 说："和猫过一辈子是老娘的理想生活！"之后两人又平静地过了一个月，然后有一天，Y 在 A 回家的时候平静地对 A 说："我们分手吧。"不管 A 歇斯底里、放狠话还是苦苦哀求，Y 都很坚决。

A 说 Y 变了，变心了，变得不再是她喜欢的样子。其实 Y 一点儿都没有变，他依然喜欢小清新，依然喜欢有情调，偶尔会去喂喂流浪猫，会去电影院看 A 嗤之以鼻的小众电影，会去做 A 认为装蒜的一切事情。一点儿也没有变，而是 A 压根儿就不是 Y 喜欢的类型，却硬要伪装自己接近 Y。于是 Y 误以为 A 是他喜欢的女人。

男人对女人的口味各有不同，偶尔会有换口味的现象，但大多会忠实于自己内心偏好的口味选择伴侣。男人很清楚地知道不合自己口味的感情是短命鬼这个道理。A 犯了一个爱情中最常见的错误，她伪装自己去追求不适合自己的男人 Y。但如果始终如此，大概她会因为装得太辛苦而最终放弃。但她犯了第二个错误就是在得到了自己想要的爱情之后，试图改变爱人的口味，让男人随着自己的路子来。一般来说，有点血性的男人都不会轻易改变自己去迎合别人，当然也有少数因为爱得疯狂而改变自己迎合女人的，但A和Y并不是这种情况，而是A爱Y，所以才去吸引Y的注意，从客观上讲，Y完全没有那种改变自己迎合A的感情基础。说白了,就是A高估了Y爱她的程度。

鞋合不合脚只有自己知道，一双再好看的鞋，不合脚最后受罪的还是自己。当然你会说不求天长地久，但求一时拥有，可是女人真的玩儿得起一时拥有这个戏码吗？当满身是伤地结束时，痛苦的依然是自己。所以只有喜欢你真实样子的男人才是值得你托付终身的。当然，不排除有天生好演员愿意演一辈子别人，那我只能说一句，爱情真伟大，同志辛苦啦！

什么是爱情？各人有各人的定义，这个没标准答案，所以每个人的爱情也都不一样。所谓的“幸福是一样的，不幸却各不相同”是不幸的人用来宽慰自己以及苦情地博取同情的一句话。**人是一种变数最大的不靠谱生物，所以不管是幸福还是不幸，都不可能一样。**

浅浅的呼吸、深深的痛

一位姑娘说最近失恋了，想让我教她怎么劝她男朋友不要跟她分手，冷静一点。就这么一行字而已，我看了以后却没有过去的好奇心，没问为什么分手，没帮她分析，也没想了解各种细节。不是因为我“进城”了之后变麻木了或者冷漠了，而是因为我所经历的让我觉得这一切都不值一提，我们觉得执着是一种美德，认为爱情中应该有执着这个因素来表达自己爱的诚意，也许我真的到了一个不会甜言蜜语的年龄，如果这种意识是老化，我也得问，值不值得？我们往往都是在事件结束之后觉得自己不值得，亏了，赔本了，却完全忽视甚至不屑于在事情发生之前去评估他（她）的价值。爱情不是买卖，也有伟大的奇迹，但这毕竟是凤毛麟角的事，我们不能把流星砸死人的小概率事件当成范例来模仿和崇拜。这是误人子弟！这是挖坑埋人！这是站着说话不腰疼！

失恋是什么我不知道，但我知道失恋的感觉，用特文艺的矫情词叫“浅浅的呼吸、深深的痛”。但真实的万恶的内心是什么我们自己都不知道，直到后来，我有了很多闲工夫回想的时候，我才琢磨过来，什么海枯石烂、刻骨铭心都是少不更事的热血或者是狗血，其实说白了就是：“我不甘心，我没得到，我得到了又失去，我曾经拥有的却成了别人的。”我也曾经为这样的一种不明不白的心理跟别人死磕过，当时我误认为是海枯石烂和刻骨铭心，但真死磕回来之后我发现变了，一切都变得不像自己想象的那样，这就是恋爱中最普遍的自以为是，没有人会像你自己想象的那样跟你恋爱，没有！就算他（她）是个爱你而失去自我的人也不可能完全按照你想的那样和你恋爱。什么是靠谱的爱情，我琢磨到现在也没琢磨明白，在爱情中最不靠谱的就是人这个因素，任何一个人的变数都是连自己也不明白的。所以我没办法告诉别人，我所努力的就是让自己做一个变数不大的人。

谁都不傻，谁也不是生下来就是为了给谁虐的，同样，你也没权利虐任何人，即便这个人爱你爱得很深。前者只会让你爱的人轻视你而后者则会透支他对你的爱。别跟我说他（她）很善良，任何一个人都能被骄纵得没了德行。也别和我说你心甘情愿，你的债早晚会还清。

唉……其实这个字就可以诠释失恋的意义，就是一声叹息，仅此而已。我这样的心并不是因为什么狗屁洗礼，也绝非麻木，而是务实。那些虚头巴脑不如一个实心实意。而任何一个失去的恋人被争取回来的时候都是面目全非的，你有勇气去接受面目全非的爱情吗？你有勇气用真实的面目全非的现实去摧毁你对他（她）曾经的爱情回忆吗？我曾经有这样的勇气，磨灭了一些记忆，而我的回忆是有限的，所以我放弃了看似执着的勇气而选择回避和放弃。

说了这么多，我不知道看的人会不会明白。人生在世高寿也不过百岁，大多数人都活不了那么长，别让痛苦占去我们太长时间，太亏了。

“大姨妈”之殇

“大姨妈”这个话题看似跟情感没有半毛钱关系，但事实上却有着千丝万缕的联系。

来“大姨妈”到底有多疼？这是困扰很多男性的一个不解之谜。曾经有个调查问过男人想象中的“大姨妈”疼是怎样的，男人的回答五花八门，有的说可能来“大姨妈”的疼就像一个人使劲拧自己的肚子；有的说“大姨妈”疼可能跟胃疼一样；还有人说“大姨妈”疼应该跟闹肚子的感觉差不多；更有人说“大姨妈”疼就跟犯痔疮的感觉一样……但是女性给出的答案是：以上都不对。有的女性甚至说宁愿多生几个孩子也不想每个月痛经。

我们都知道科学家已经定性了，生孩子在疼痛的十个等级里是第十级！难道“大姨妈”的疼比生孩子还疼？！

对于男人而言，“大姨妈”也是一个特别头疼的问题。因为很多女生在来“大姨妈”的时候都会如同变身的怪兽一样情绪失控，或哭、或愤怒、或烦躁、或歇斯底里得让人无法理解和不可理喻。更让男人困惑的是，来“大姨妈”到底有多疼？没有一个科学的说法告诉男人女性痛经到底是怎样一种体验，就跟男人虽然知道女性怀孕辛苦，但确实无法真正明白到底有多痛苦一样。

好多公益机构让先生戴假肚子体验孕妇的感觉，这都是鬼扯的事儿，秃子脑袋上的虱子——明摆着呢，眼睛看就知道肚子那么大一定很累。戴假肚子就是个形式主义的矫情而已，戴那么俩小时能体会出个屁来。所以所谓的体验和感同身受真的都是扯淡。

男性所能体验的女性来“大姨妈”最直观的感受就是女性来“大姨妈”期间的负面情绪。按《星球大战》里的话讲就是充分感受到女性原力的黑暗面……

下面我说一个很真实但是女性听了会火大的男性心理。面对女性痛经，除了理解和心疼之外，还会有一种心理是：女人都来“大姨妈”，为啥就你痛经痛得要死要活的呢？当然，这个念头会分散出很多结果，比如：是不是病了？需不需要看看，调理调理？是不是太夸张了？只是痛点低？又或者是：是不是压根儿就是娇气，根本就不至于这样？

其实所有男人对女性的第一认知都来自于母亲，所以如果男人的母亲没有过痛经或者即使痛经却并不严重的话，让这个男人明白你的痛有多痛，你的情绪有多烦躁，基本上是不太可能的。因为他在心里会跟自己的母亲做横向比较，虽然这根本就没有可比性。

这是一种特别正常的心理，因为男人真的无法理解痛经是一种什么样的体验，在男人眼里，痛经可能大概像吃坏了东西闹肚子或者是痔疮。因为女人会形容痛经是小腹的坠痛，只有这两种疼痛是他们理解范围内最接近的疼痛方式，也是他们能体会和理解的方式。闹肚子谁都闹过，对于大部分男人来讲，这并不是难以忍受的疼痛，撑死了就是屎急。闹肚子的疼对男人而言根本就不值一提，可能憋不住才是男人最怕发生的事情。剩下的就只有痔疮了，十男九痔，得痔疮的男性不在少数，所以可能更多的男人觉得女人的痛经就和痔疮类似，都是坠痛。都会疼上几天，只有特别严重的需要动手术。那种疼男人是可以理解的。但问题是痔疮是病，可以治好，但是痛经可不是说治好就能治好的。而且很多时候女人并不怎么想办法治自己的痛经，只是在来“大姨妈”的时候要死要活，好了之后就跟没事儿人一样一样的了。男人理解不了其实是卡在这里了，理解不了都疼成这样了为什么不治呢？在一些男人眼里，女人痛经不治有点类似于有心脏病偏要天天看鬼怪片、股骨头坏死还跑马拉松一样。

大部分男人的心里对“大姨妈”的恐惧阴暗面是很大的，曾经有个人跟我抱怨过，他女朋友平时简直完美，生理期就跟变了一个人一样，恐怖极了，所以每次女友快来“大姨妈”的时候他都特别焦虑，久而久之,他发现自己跟女友来“大姨妈”一样每月来个“大姨夫”……

除了痛之外，男人最不理解也无法接受的是女人在来“大姨妈”的时候的情绪失控。再说个极端的例子，有一对男女朋友，男孩和女孩我都认识，两个人感情非常好，可女孩在来“大姨妈”的时候，男孩从她面前走过都会让她心烦得冲男孩狂吼，但是男孩如果躲开出门或者在另一间屋子待着，她又会歇斯底里地哭喊，于是就形成了一种惹不起也躲不起的局面，每次女孩来“大姨妈”，两人都疯狂地争吵。最后男孩崩溃了，因为实在没有办法面对每月一次的“大姨妈”女友而分手了。一定会有女孩看到这里说这个男人太渣了。真的不是，我们抛开真正不管女人死活的渣男不说，就说正常谈恋爱的男女，女友痛经的时候，更感到无助的是男性。

这并不是玻璃心。每一个爱自己女人的男人在面对女友或妻子痛经的时候根本就无法做到感同身受，因为那个痛他真的理解不了，他的关心只能凭借一种固有的经验，比如喂你喝热水，比如给你贴暖宝宝，比如灌热水袋，会做饭的熬点热粥，会来事儿的双手搓热给揉揉肚子、抱一抱。这已经是极限了，真的是极限了。除此之外，他们真的很无助。如果做到这个程度，女孩还是发脾气，男性基本就束手无策了。可笑的是，虽然这是出于爱和关心，但这种无助会让男人产生一种“连这个都无力，我大概真的没有能力保你周全”这样的心理暗示，最终所有的情绪和心理压力都会转化成烦躁和焦虑，直至尸化。

可能女孩看了会觉得这也太扯了，小题大做！哪儿有那么严重？其实，百分之八九十的情侣和夫妻分手或离婚的理由都不是大是大非，全是芝麻绿豆的事情一点一点地积累。也许这并不能导致分手或离婚，但也许这就是他沉默下来话变少了或是不愿和你待在一起的一个原因。

我并不是说女人不可以痛经，不可以在痛经的时候发脾气。正常范畴内的脾气大多数男人都会无条件接受，因为这也是爱情的一部分。很多相敬如宾的婚姻最终都戛然而止，所以，我并不认为男人和女人都客客气气的就是好的婚姻和爱情关系，我们这里说的是个度。当你看到他关切的行动，请认为这是好的和温暖的。如果你还需要更多的具体行动关心，那么请直言不讳地告诉他，这比你对他发莫名其妙的火更能解决问题。

女人这辈子确实不容易，每月大出血一次，听着就很吓人，但是从古至今都是这样的。“大姨妈”也好，痛经也罢，多多少少都是影响内分泌的。但还是要有一些情绪的自控，别再被诸如：“让那些让你多喝热水的男人去死吧！”这类充满怨恨的话洗脑了。妇科大夫说过，缓解痛经的方法在一般条件下就是多喝热水。其他科的大夫也说了，多喝水、多喝热水就是可以缓解感冒和发烧症状。大量喝水除了可以降低体温之外，还有助于新陈代谢，确实有治疗感冒发烧的作用，比胡乱吃感冒药抗生素打点滴要好得多和科学得多！有些“鸡汤”的恶毒在于披着为你幸福着想的外衣拆散你的幸福，挑唆你把本来的关心和幸福当成是对你的漠视和侮辱。

当然，本来能给你倒一杯热水而只是动嘴让你多喝水的，你可以让他滚蛋，这种货还是该打就打吧。

再科普一下男性读者，女性确实是很奇妙的生物，有的女性来“大姨妈”前猛吃冰激凌，照样风平浪静几天就完成每月的份额，不疼不痒倍儿轻松；有的姑娘每个月小心谨慎，可一来“大姨妈”，说不定一次潮涌就直接晕厥过去了。我初中的时候就亲眼见过班上一个女生因为来“大姨妈”的时候老师不准假，在做广播体操的时候直接躺倒操场，最后是被救护车拉走的，当时，女生胳膊肘、肩膀全挫流血了都没醒，脸白得跟蜡似的。

男人和女人本来就不同，有很多事情是无法切身体会的。尽管无法体会，却需要互相理解，谁让男女的搭配是因为爱情呢？因为爱情，他无法理解你的痛经有多痛，却手足无措地很心疼你；因为爱情，你虽然看到他并不能缓解你的疼痛却忍着疼告诉他抱抱你就不疼了。这就是爱情，互相理解互相包容的爱情，再普通不过的爱情。

幸福是什么呢？幸福就是每一件小事积累起来的温暖和微笑。你一定懂，不言自明。

自残吓死的爱情

早年间，我曾经在一个娱乐场所见过这样的情景：一位姑娘一个人坐一大包里，一仰脖灌进去半瓶芝华士之后站起来以尖叫的方式大喊：“珍爱生命！远离爱情！”然后换来全场男性看客的怪叫和喝彩。当时我就在想一个问题，这地球缺了谁都照样转，今天晚上的海枯石烂都不能当明天的誓言听，何苦呢！正想着，那姑娘坐大包里跟井喷一样吐了，我摇摇头想，真不如倒厕所呢。

有一次上 QQ，一个跟我认识有些年头的姑娘说她最近很衰，惹了官非，情感破碎外加自杀未遂。然后问我怎么更新不勤了，把她唯一的一点把自己的快乐建立在别人的痛苦之上的乐趣都给剥夺了……是不是人啊？！我说：“我刚更新完。”她看了一眼回头就跟我说，没有冲击力了，不震撼了，不仅找不着看热闹的乐趣，连同病相怜惺惺相惜的阶级情感都没了。我说：“那还不好，一片祥和多好！”她说：“不好，不好，这样我就觉得我是世界上最可怜的人了……要不你写写我吧！”

“好，你说，我听着。”那姑娘就开始讲自己的故事了。事情很简单，她男友跟初恋分手之后和她在一起了，然后由于人类对于初恋耿耿于怀的心理作用，所以初恋那位小姑娘有点什么掰不开镊子的事总是找她男友帮忙。估计她男友也知道这样做对现任不太礼貌，所以每次都撒一谎过去帮忙，并且经过事后验证，确实没有去男欢女爱，纯帮忙。但是姑娘犯轴，死活想不通，大闹分手，每次男友都因为理亏苦苦相求，而且保证以后不再联系。但是保证的是一张嘴，干事儿的是两条腿。在姑娘发现第三次的时候，她终于“井喷”了，她内心深处的小宇宙爆发着告诉她：今天必须死磕这事儿，不然对不起自己的人生价值和性别取向。她指着她男友的鼻子尖说：“已经第三次了！事不过三，你甭打算跟我三三见九！人说话要算数！说到就必须做到！如果你再跟她见面，我就死在你面前！”

她男友估计因为这个问题已经焦头烂额了，怎么那么寸就说了一句：“说事归说事，别拿死威胁，没意思。”姑娘愣了一下然后小宇宙瞬间核爆了，暴走中的姑娘指着自己男友咆哮着：“我让你知道什么叫说话算话！”然后手起刀落……别慌！爷们儿零件都还在，姑娘的手腕喷了她男友一脸殷红的热血。他那三青子立刻被满脸的热血撂平，抱起姑娘就奔医院跑。事还没完，姑娘割腕没死了，然后又绝食，最后他连哄带求的估计没少做思想工作，终于她在思想攻势的感召下吃饭了。等她出院了，她发现，男友虽然再也不去帮忙了，但是他和她之间好像也变得比以前陌生了，这男人跟她在一起的时候好像总是怕她会怎么自己一样不去招惹她。过了一个多月之后，男人借工作调动原因从北方直接挺进南方沿海城市。然后又一个多月的冷淡期后，他说：“咱们分手吧。”

分手了，姑娘才从别的渠道知道男友的初恋有男朋友，这消息比2008年的第一场雨夹雪晚了N个月。姑娘说：“以前都是我提分手，然后他一求我我就心软了。可这回，人家头一次提分手，就死人不放屁——没缓儿了。”我说：“常把分手挂嘴边的未必是强者，没说过分手的未必就是弱者。”

“太对了！老说那话的就是外强中干，我现在求他怕他烦我，他妈特喜欢我，你说有用吗？”她问。

“怎么说呢，其实你闹啊吵啊的都不是太离谱，但是你自杀就太可怕了。如果是你，你愿意跟一个一吵架就自杀的主儿过吗？那可是人命啊！这太有压力了，谁能背得起人命啊？！好家伙，夫妻哪儿有不吵架的，一吵就死一个？这跟抱一手雷睡觉差不了多少，区别就在于一个是被炸死，一个是生不如死。如果一个人因为自己的原因死在自己面前，心理素质稍微差点儿的，这人就算活着，他的精神世界也基本坍塌了。反正要是我，我肯定躲你远远的。”我说。

“那怎么办？我那就是一时冲动，我也后悔，我想让他知道我好了，我不会那样了，我离不开他！”姑娘的情绪很焦灼。

“你现在越这样越让人害怕！”我说。她立刻接了话茬说：“他前几天听说我有了麻烦还打电话来，我能感觉到他也挺挣扎的，先叫我老婆，后来哭了，然后平复了之后说还是算了，我们不合适……其实他也爱我，不想离开我。对吗？而且我现在的麻烦他家也托人帮我处理呢。我总觉得我们分不了。”她说话的时候时刻给自己点几十盏希望之灯。但看的人都知道，这只是一个过程，就好比人在知道自己得了绝症的时候都是从惊恐到不敢面对现实再到绝望痛苦，最后是接受现实。

爱情本身并不是绝症，但是遇到不同的人会有不同的功效，有的会产生幸福，有的会造成痛苦和伤害。就好比古时候的一种毒药，那药本身并没有毒，但关键看你吃了药之后喝什么，如果喝水就平安无事，如果配酒就会奇毒无比。爱情就是那药，配的是酒是水全看个人性格。**性格决定命运**！

姑娘不会因为我的话获得什么帮助，也不会因为我出了个什么控制联系频率的招儿就能让她的男朋友感觉到她的激进性格完全改变，这种局面属于一种可遇不可求的状态。能复合自然是好的，如果不能……翻篇儿重来吧，不过一定记住您是怎么摔的跟头，被同一块石头绊倒两回的是准缺心眼儿，绊倒三回就是真缺心眼儿。

我不是不相信誓言，我相信每一句誓言在说的时候都是出自真心，但是，我还是要说，我不止一次听过男男女女说过同样的话“离开你，我就不会再爱了”“我就失去爱的能力了”“我就不会再嫁了”“我就不会再娶了”。说者现在多数又有了幸福的感情甚至家庭。不要认为我亵渎了你的决心和誓言，只是当时间抹平一切的时候，你回头笑笑的时候，手腕上的疤痕会吓到自己。

最后，说一句废话：**“珍爱生命，远离矫情！”**

了解男人从了解占有欲开始

说到男人，就不得不说男人的占有欲，说到男人的爱情，同样也必须要先了解男人的占有欲，这是雄性的一种本能，也是连男人自己都分不清是不是爱的一种欲望。占有欲的表现特别像爱情，而且它是和爱情纠缠在一起难以区分的，所以了解男人是否爱你得先了解男人的占有欲是个什么东西。

我一个多年的发小，就在我快把他忘了的时候，他突然想起给我打电话了，一上来就告诉我："谁谁结婚了。"我一听口气就知道新郎不是他，他肯定正纠结呢，所以就没接话茬。他说："我一直以为我忘了，我一直以为我放下了，我一直以为我因为现在的爱人离开了她，所以我不可能听到她结婚的消息时候会难受，但是，我错了……"说到这里，他跟噎到了一样地抽泣。

他和这位结婚的"谁谁"都是我的同学，上高中的时候就在一起了，他们在一起 6 年后的一天，我从一个女同学那里听说他和"谁谁"分手了。再后来，曾经在商场见过一次他，那个时候他身边站着个和之前的"谁谁"风格完全不同的姑娘，属于远看想犯罪，近看更想的那种妖孽级。他女朋友逛街的时候，我俩在旁边水吧聊天，他说："你耍单儿呢还是怎么的？”

我说：“累了，歇歇。”

他说：“甭跟我扯淡了，你要碰上我女朋友这样的你能累？！你要是闲着，我让我女朋友给你介绍个她姐们儿？个个都妖孽级的！”

我说：“算了吧，她好我不好。”

他听了嘿嘿笑半天，突然沉默下来，好一会儿才说：“我听说‘谁谁’还在耍单儿，而且好像精神一直不太好，你要有空联系联系她，找咱班的熟张儿开导开导她吧，别因为我耽误她一辈子。”

我说：“你别扯淡了好吗？你当你是谁啊，你这儿开张人家为你守着？！你放心，迟早都会好的，只是时间的问题！你别操那闲心了，管好你自己就行了。”他听了我的话呵呵干乐了两下，然后眼神突然转换得好像没事一样望向我身后他的女友。他搂着他女朋友先走了，我留在水吧一个人坐了一下午。上面的这段谈话之所以让我记忆深刻是因为一来当时我正在失恋中，对一切见异思迁的人都深刻地厌恶。二来，他那位妖孽女友确实犹如日本女优一样婀娜诱人，有着让人如同见到苍井空一样过目不忘的特点。

这之后大概五六年我们没有什么联系，期间我听说他结婚了。前几天就突然接到了他这么个电话，他在电话里说想跟我聊聊，我问他：“为什么突然想跟我聊这些呢？！”

他很直白地说："因为咱俩是发小，因为咱俩走得不近，因为咱俩是熟悉的陌生人。"

我说："你滚蛋！"

"唉……"他叹了一口气说："你猜她老公是谁？"还没等我说，他就抢着说："是咱同学。我让他过去劝她，结果……我算是给狼指明了羊的方向，我真傻到家了！"

我听完他的话说："那不挺好的吗！你不是还担心人家为你守一辈子，觉得对不起人家么？人自己解决了，还是你一手操办的，你应该了却了人生一大夙愿，好好跟你媳妇过日子吧。"

他带着哭腔跟我说："你嘴怎么还这么损呢？！你就不能安慰安慰我吗？！咱发小好吗！我这会儿不敢跟任何人说，回家还得装很高兴的样子，分手六年了，我知道她结婚了，我突然跟被她甩了一样的难受……"

"我觉得你这样挺没劲的，真的。"我说。

"我知道，我也觉得我很那个，我承认当年我是因为变心甩的她，但你不明白那种心理，我这几年人格跟分裂一样你懂吗？对她……"他突然说不下去了。可能他也觉得他的说法很可笑。

我想了一会儿说："你这应该不是爱，只是一种所有权被剥夺了的惆怅，过两天就好了。举个例子，就好比小孩有一个玩具陪了他很久，有一天玩腻了，就放在柜子里落土，你甚至会忘了它的存在。突然有一天家长收拾屋子把旧玩具给扔了，孩子跟家长歇斯底里地喊：‘那玩具是具备收藏价值的！扔了没经过我同意！’虽然你一直忽略她，但是你的潜意识里一直觉得忽略不代表失去，她是一个你随时可以拿来继续玩耍和拥有的角色。你今天知道她结婚了，所以你才意识到你真的失去了。我很真诚地跟你说，你是我认识的人里最龌龊的爷们儿。”

他在电话里的声音抖得厉害，似乎是苦笑，似乎是抽泣，那声音很难拿，但可以肯定是在使劲地忍着。过了一会儿他说：“我知道，我跟谁说都会挨骂，跟你说可能更损。我说你别不相信，我一直挺惦记她的，我觉得我还爱她，我今天强烈地感觉我还爱她！”

我说：“那你爱你老婆吗？”他立刻接话说：“爱！”我说：“那你努力学习科学文化知识，发明时光穿梭机回到过去，然后娶个大的添房姨太太呗。”我话刚一说完，对方就把电话挂断了，我正愣神儿，短信过来了：“多谢，我知道这是我自己的罪，我自己受吧。”我回了一条：“你有你自己的幸福，别人也有别人的幸福，咱们不是地主老财，也不是万能的上帝，不是所有女人的幸福都靠你给，你给了一个女人，另一个就要靠别人给了。”过了好一会儿，他回一条信息：“多谢，真的。”

男人总是下意识地认为得到一个女人即拥有她的一切，即使分开，也该是对自己念念不忘的，对于那些被痛苦煎熬的女人，男人内疚只会占据心灵的五分之一，而五分之四是被满足充斥着。挺龌龊的，但这就是男人的占有欲，非常真实的人性。男人会认为女人的痛苦、孤独和等待是一种所有权的表现。当这个女人幸福地结婚时，这种所有权才会灰飞烟灭。多数人只是会小小地失落一下，像我这位哥们这么不靠谱地坚信这种失落即是爱情的主儿并不多见，也许他是把床前明月光和蚊子血或者是饭粘子和朱砂痣的关系搞混了。

上帝是男人，但男人不都是上帝，当他自己把占有欲错看成爱情的时候，很容易给自己的前任发出错误的信号，遇见傻姑娘就会一脚踩进坑里受二茬苦，遭两回罪。所以姑娘们真得清醒点儿，别成为男人占有欲的炮灰。

男人的爱情

男人除了性，到底有没有爱情？！这是很多失恋女人在回忆前任吐槽时说过最多的一句话。很多情感专家也告诉女人：男人说真话，母猪会上树。然后男人就被妖魔化了一样，似乎他们的爱情只是为了滚床单而已，于是也就有了“男人是用下半身思考的动物”这种说法。最可怕的就是所有专家都跟你说男人没有爱情，所以很多女人就信以为真，认为男人就是为了性而生的动物。

专家说的男人对性的需求这方面一点都没错，男人的下半身确实是和脑子联动的，这是生理构造决定的，而且男人的动情并不像女人动情的湿润那样隐秘，相反很多时候会造成一种非常色情的尴尬。但那就说明男人只会耍流氓吗？！特别可悲的是，很多为了买女性群体好的男情感专家也自黑自己的同性群体，告诉女人男人就是为交配而生的动物。这就好比任何人传你的谣言都不可信，但你身边的知己、闺蜜如果说你一句是非都比千万句谣言来得可信。可是事实真的不像女人想得那样简单。

我得负责任地说一句充满正能量的话：男人肯定有爱情，而且层次上是高于性本能的，并且绝对不比女人的爱情浅薄，这是真的！

我身边就有挺多的痴情的、钻牛角尖出不来的傻老爷们。而且男人的痴情比女人更加愚蠢和缺心眼儿，因为男人不像女人心思那么细腻，而且多数苦哈哈的痴情男人都属于情商比较低的类型，如果他情商高，早就搞定自己心爱的女人了，也不至于这么苦情地熬着自己。情商低的女人因为心思细腻，总是会小心翼翼地行事，或者因为女人总是在情感中习惯处于被动状态，所以女人即便爱了，也不会鲁莽地表达，或是暗恋，或者是默默地关注、远远地欣赏。少有女汉子冲上去倒追的，还凭着女追男隔层纱的人间真理提高了表白的成功率。可是男人呢？情商低，心思也不像女人细腻，男人的鲁莽被自己误解成主动追求真爱的勇气。于是就有了很多让女神烦的殷勤男人……

就像小时候男孩喜欢一个小女孩的表达方式就是揪女孩的小辫或者是把这个女孩招哭一样的烦人。男人的爱情总是希望得到女人的关注，情商高低之分只在于吸引异性的方法上，目的都是一样的，即为了吸引女人注意，但是结果却天差地别大相径庭。急躁是男人得不到女人认可的一个典型的状态。我一个哥们追了一个女孩两年多，是个典型的备胎，哥们经常向我抱怨自己的关心总是被女孩无视，可是女孩一个电话就屁颠屁颠地跑去，被当了司机苦力之后回来继续抱怨，可能女人会说爱就该无条件付出，不应该有抱怨，应该为了自己的爱人心甘情愿。这是骗鬼的话好吗！任何一个人的爱情，不管是男人还是女人，都是为了得到对方回报的。那些写出来为了爱情无私奉献的主都是吃饱了撑的没事干的人编出来骗人的。反正我见过长的追四五年的，短的追两三个月没有结果还在坚持的，没有不抱怨的。

抱怨和犯贱一点儿都不冲突，可是抱怨经常会引起一些急躁和不理智的情绪。前面说那个男孩，有一次正和我们喝酒吐槽，结果女孩来电话让他去三里屯，他打车去了之后，才知道原来女孩只是为了跟闺蜜打赌说他是随叫随到，结果哥们儿借着酒劲就打算把女孩接走。倒也不是想干什么，就是突然钻牛角尖发狠地认为你让我送你回家，我来了你把我当傻子耍可不行。我喜欢你但是这么玩儿我就是不行，当时急躁，脑子就犯轴，非要拖女孩走，送她回家。结果女孩的闺蜜以为男孩兔子急了要咬人，叫来了俩男的，要不怎么说闺蜜有的时候就是搅屎棍子呢。劝架就劝架，不行你报警，你叫俩男人过来，这当着异性，男人争强好胜的本能绝对会战胜理智。结果仨男的都进了派出所。追了三年都没有结果一直当中国好备胎的这哥们妥妥儿地送了个特别瓷实的借口给姑娘。人家女孩三年都找不到借口拒绝或者是不想拒绝，这一次，女孩咬定了害怕他，怕他伤害自己，彻底断绝了联系。快三十的大小伙子哭得差点没断气，反复说着一句话："她居然说我要伤害她？！我敢替她挡子弹！她居然说我会伤害她？！"

这哥们从那以后两年没谈过恋爱，我们开导他忘记一段感情最好的方法就是开始新的恋情，甚至有哥们出损主意讲歪理说："男人功能强盛也就这几年，你这一荒就三四年，哪天突然你死了到阎王爷那儿一算账你白来一世。太亏了！不能亏待自己，有合适的姑娘该谈就谈！"哥们听完总说完全提不起兴趣。只想让那个谁（那个他爱的姑娘）知道，他是不可能伤害她的。

男人的爱情和女人的爱情一样持久和执着，而且也会因为得不到爱而对性抗拒。像我说的这个哥们这样的例子实在是太多了。男人中确实有一些人渣，这和女人中有荡妇的几率不相上下。但是大多数男人和女人一样，都有正常的情感需求，并不像传说的那样只要性、不要情。相反，很多执着甚至偏执的爱情中的悲情人物大多是男性。

某种程度上说男人的爱情比女人的爱情更执拗，这不是给男人的爱情正名，**只能说爱情面前人人平等，没有人凭借性别优势就可以免受爱情之苦。没有人可以逃脱爱情的折磨，无论男女。**

别因为寂寞和心灰意冷答应我

很多男人都有自己心目中的女神，而且都希望做自己女神的备胎，最终寻找机会借机上位修成正果，这是一种好死不如赖活着的心理。在这种状态下，只要女人不清楚明确地回绝，半推半就地接受自己的付出，一般来说男人都觉得还有希望，都渴望女神有一天受伤后跑到自己这里疗伤。

我不止一次地说过，所有男人对女人的好都不是无偿的，这世界上压根儿就没有无私的爱。真非得矫情无私的爱，那你应该找自己爹妈去，而不是找男人。任何一个男人对一个女人的付出和献殷勤都是以得到这个女人的身心为目的的！在男人看来，如果得不到心，能先得到身体也是可以接受的，但这只是暂时的退而求其次，并不代表男人永远都不介意你的心不属于他。

其实，我一直认为很多女人并不聪明，女人们总是觉得找一个自己不爱但是爱自己的，或者自己不那么爱的男人结婚就会舒服一点，不会因为多付出的爱情而感到心累。她们这个总结本来就是在一种主观的高度轻视备胎的一种心态下做出的不理智的判断，真心低估了男人的智商。任何一个男人都可以轻易地感知自己的女人到底爱不爱他，只是大多数男人没有女人对情感那么矫情和较真。其实说明白点也不是不较真，男人大多数都知道把握矫情和较真的时机。很明显恋爱阶段并不是一个可以特别理直气壮跟女神较真你为什么不爱我的好时机。

不较真并不代表就会纵容，只是在处理女人的问题上，大部分男人都有个轻重缓急的先后顺序，也就是先到手再说！很多女人在自己付出的真爱被伤害后，因为情感空虚或者寂寞，再或者类似于看破红尘云淡风轻地认为早晚都要嫁，既然付出得不到回报，不如找一个爱自己的嫁了，既解决了自己的终身大事让父母亲朋安心，又不会对没什么爱情基础的配偶有什么情感要求，所以也谈不上失望和受伤。这种舔伤型的女青年一般都觉得自己特豁得出去，一要浑就把自己解决了，其实最后真的会因为这样的想法让自己受更深的伤害。

不能因为寂寞就答应男人。我身边就有这么一个哥们，男孩家里条件不错，自己开个小公司，人也挺精神的。从大学就一直追自己同班的一个女孩，7 年半的时间里女孩对他一直是一种蓝颜知己或者男闺蜜的态度自由切换，女孩属于揣着明白装糊涂，知道他喜欢自己，但是最开始在学校表白的那次婉拒之后，我这个哥们儿就想：别追得太紧，回头把姑娘逼急了拒绝的态度太坚决连朋友都做不成了。哥们儿想得挺好，就这么一直对姑娘好，觉得早晚姑娘能明白自己是对她最好的那个男人。这 7 年多的时间里，姑娘有过几任男朋友，当女孩有男朋友的时候男孩就退到朋友的位置，当女孩分手的时候又会找他糊里糊涂地搞暧昧关系解闷儿，我们几个发小一块儿也逼问过他有没有暧昧到实际行动，从他的态度来看，他一定没有搞定这个女孩。几个发小一致认为姑娘是情感高手，所以能捏这哥们这么长时间而且还这么游刃有余。中间断断续续男孩也有过两段貌合神离的感情，但都是几个月就结束了。

有一天他突然很兴奋地给我们打电话，说姑娘突然给他打电话说愿意做他女朋友，并且希望快点结婚。我们几个损友问他姑娘着急结婚是不是让他当便宜爹……虽然是开玩笑，但是我们确实有些担心，觉得这突如其来的爱情对于这个男人来说虽然是盼望已久的，但总觉得哪里不对劲儿。

俩人正式交往两个月就领证了，结婚当天新娘哭全程，我看着心里就觉得特别膈应，总觉得这根本就不是结婚该有的情绪和状态。但是大家都认为是女孩被男人苦追 7 年终于修成了正果的感动，司仪也特煽情地说新郎是精诚所至金石为开之类的话造气氛，女孩和闺蜜伴娘在台上就抱一起哭起来了。娘家妈也上去哭了一鼻子，但是气氛始终都有一种隐隐的怪异。

结婚两年后，他们离婚了，因为男人不想和不爱自己的女人再生活在一起了。可能女人会觉得男人混，没得到的时候什么都能忍，什么都能包容，追求的时候女孩还做别人的女朋友都可以接受，怎么结婚了就受不了了？

对，不管怎样，爱情始终是爱情，爱情的目的不是结婚，婚姻只是一个爱情的容器而已，没有爱情的婚姻就如同一个空酒瓶子，而其中一个付出爱情的人就好像是酒瓶中剩下的酒，因为没有密封，没有精心的维护和良好的储藏环境，酒瓶中的残酒不会变成陈酿，只会因为变质腐败而发霉，腐蚀瓶子到什么也看不清地归于混沌。爱情的目的是为了换取爱情，这和买春有天大的区别，很多女人认为男人得到身体就满足了，因为他们都是下半身思考的动物……我只想说，如果女人都把男人看成是动物，那嫁给动物的又是什么呢？！

男人不是得到肉体就可以在眼睛里揉沙子，尤其是婚后。婚前，在一切都没有尘埃落定的时候，男人一般都不会太矫情，这是心态的作用，对男人来说，女朋友是个变数，也许一个矛盾就能让一对恋人分道扬镳，没有任何约束和顾虑。但是一旦结婚，在一纸婚约之后，男人的心态会发生质的变化：眼前的这个女人是属于我的，是我私人的，是我的女人！任何一个结婚的男人的心态都会发生这样的转变。心态转变之后，作为一个正常男人，他会允许自己的女人心里想着别人吗？！会允许自己的女人和自己是搭帮过日子吗？！即使他是你情感世界的后来者，但因为一纸婚书，他也是主动权的所有者。别说什么女权私人空间个人隐私，各位姑娘你们恐怕在婚前就不可能允许自己的男朋友心里想着别人的对吧！换位思考,即便你觉得自己是下嫁，他也不干。

这个女孩根本就没想到我这个哥们能主动提出跟她离婚，她觉得自己情感失败之后就找个爱自己的把自己嫁出去，然后搭帮过日子，没爱就不会受伤。但男人不是傻子，当你没答应男人的时候，男人对你没要求，一旦你答应了做他的女朋友、老婆，所有女朋友和老婆该有的要求一样都不会少，不会因为你恩赐的“下嫁”而免去你应尽的义务和感情的付出。

这就是男人理解的爱情的平等。女人总觉得付出肉体就是对男人最大的付出，但我必须告诉女人们，男人只会对没有感情的肉体产生占了便宜的心态。得到自己挚爱女人的肉体，对于男人来说是胜利后的理所当然，跟吃不吃亏、占没占便宜没有半毛钱关系！所以，**女人千万不要因为寂寞和心死就答应和备胎在一起，即便你是他多年的女神，这种决定也是最愚蠢的作死行为，没有之一！**

没要求是最难的要求

每个人的微信朋友圈里都有这么一种姑娘，她们天天在朋友圈里晒那种“找一个小爸爸嫁了吧”这样的文章，每天都晒自己一个人在一面落地窗的咖啡厅喝下午茶的照片，配上的文字通常是“我温柔善良美丽，不需要你多有钱，只要你爱我，真心对我，我就会毫不犹豫地嫁给你”；偶尔会伤感地在朋友圈里回忆上一段恋情带给自己的伤痕，然后配上一个孤独寂寞冷的歌曲应景。

其实，这种姑娘是理智得几乎吓人的，她们或者因为外伤导致，或者因为过往的成长经历造成，非常理智冷静地清楚自己想从未来的婚姻里得到什么，并且很明白自己想要什么样的男人，那些寂寞说白了，就是姑娘在理智的外表裹了一层情怀用来吸土的。对，就是吸土。

我同时认识一个男孩和一个姑娘，男孩单身，姑娘热心肠，给男孩介绍了自己的闺蜜，这个闺蜜就是上面说的那种姑娘。但是这位闺蜜一直跟自己朋友表达的择偶标准就是对自己好的，善良的，不需要多有钱，专一的就可以了。良心话，要求真不高，看了一眼男孩给我看的照片，我觉得姑娘完全可以把择偶要求提高一些，应该也没什么问题。

男孩的家庭条件属于小康，有车有房，白白净净，长相普通，刚刚减肥成功，算是胖子里发力出来的潜力股。长相普通，不丑，但也不属于帅出一脸血的那种，就是个普通人，比那个姑娘大六岁。

小伙先看了姑娘给的闺蜜照片："嗯，漂亮姑娘。"于是互相加了微信开始聊。姑娘家是外地的，在北京租房住，并且是在东三环。我一听这个情况，皱了皱眉，跟小伙说，这姑娘不适合你，你给她交房租都交不起。男孩也是活该，重度外貌协会的，然后从头到尾翻了一遍姑娘的朋友圈，觉得姑娘的择偶要求这么朴实接地气，错过简直属于瞎了狗眼，于是义无反顾地冲了上去。

再见到他的时候已经是半年后了，整个人状态都不好。他约我吃饭，说要跟我聊聊。于是我去赴约，结果大家一定都猜到了，土始终都是土，即便蹭到了身上，掸一掸也就掉干净了。一见面看见他灰头土脸的样子，我就大概知道他们已经没戏了，不过我还是邪恶地问了一句："得手了没有？"

他抬起头，一脸丧家犬般的表情说："别哪壶不开提哪壶成吗？我这是爱情！"

后来从他的话里，我听出来，的确不是猎艳，是爱情，非常走心的爱情。事情大概是这样的：俩人加了微信，聊了大概俩星期，彼此都还聊得挺满意的。有一天，这个女孩在朋友圈里说想喝米酒，可是已经入夏了，南方的米酒快递到北京就坏了，于是小伙立马某宝各种淘，最后搜到一家北京本地好评如潮的米酒店，可是姑娘朋友圈里晒了张两天后回老家办事的火车票，小伙一看等不及快递了，自己联系卖家去取货，开车去了趟密云，又返回城里，然后打电话问姑娘在哪儿，要把米酒给她送过去。姑娘在陪亲戚逛街，于是让他送到姑娘家楼下朋友开的茶楼。夜里，他收到姑娘的微信，说米酒收到了，很甜。

女孩回老家办事的时候，两个人天天微信联系，小伙感觉姑娘也挺喜欢他的，于是提出说女孩回北京的时候要去火车站接她。姑娘立刻答应了。接站的当天，女孩径直给小伙指路去了王府井“老佛爷”，说衣服穿少了，买件衣服穿，男孩在女孩付账的时候并没有说要付款，紧接着第二站去了国贸的新光天地，说是在老家看到自己的闺蜜用的一款面膜，只有新光天地有卖。小伙觉得这次得表示表示了，于是花了大概不到3000元买了一罐面膜。我打岔问是什么牌子的，他说他也不知道，我为此对他表示了强烈的鄙视。

从那天起，小伙就扮演起了姑娘的移动钱包和短期饭票的角色，期间表白过几次，姑娘都说我接受你的追求，但没接受你的感情，看你表现吧。如果单论花钱，我相信这个男孩花的钱远远比不过土豪大款的一掷千金，可是一些细节让我觉得他确实很用心：姑娘病了，给熬粥送到家门口；房子到期陪着姑娘找了半个月的房子，每天微信运动里都走个两万多步；姑娘爱吃水果，于是在那半年里姑娘家水果就没有断过顿儿；姑娘不爱喝水，觉得麻烦，于是小伙就给姑娘安了净化加热饮水器，满足了姑娘不用等随接随有热水喝的要求。姑娘不打算跟好朋友合租了，想自己租房子住，于是小伙还给姑娘买了一套防狼器防身。女孩新租的房子是房东刚刷过墙面的，于是签合同当天，男孩就搬了两大箱活性炭分放在几个房间里，跟女孩说房子刚刷完墙吸吸味道住着安心，还买了空气净化器，快递很快就会送到了。

听完我感叹了一句："亲爹也不过如此了。"

之前我觉得男孩就是看姑娘长得不错，所以才这么上心，听完这些之后，我觉得这算是爱情，挺美好的爱情。不过我想不明白，为什么他要撤出呢？也许再坚持坚持就胜利了。

男孩跟我说，姑娘在一次吃饭的时候跟他说，同时也在和其他人约会，你们是公平竞争的状态。

我纳闷为什么姑娘平白无故跟他说这个，他说是因为他又跟姑娘表白了，问她愿不愿意做自己的女朋友。我问："那你怎么回应的？"

他说："当时我没说话，但是似乎一下就清醒了。"

我表示惊讶："可以呀！不是都说爱情当中的人都是懵圈的状态么？你怎么能自己清醒呢？！"

"也不算清醒吧，就是突然有疼透了，透心凉的感觉。我可以接受我追求、你考验我的状态，没别的，我认为这很正常，毕竟是一辈子的事儿，所以考验一下，我觉得无可厚非，没答应就是还没考验通过呗，大不了继续努力。但是你要是同时从几个人里挑，我就觉得这有点不尊重人的意思了，而且你挑就挑吧，还明明白白地告诉我，这就是完全没尊重我的感情，完全不在乎我的感受啊。"他说完一口气把酒杯里的酒都喝光了。

我看着他："可以啊，小伙子还挺有血性的。"

也许是酒精的作用，也许是他真的把这半年的经历总结了，他说：“朋友圈晒单身说自己要求很低的女人都是骗人的,那些看了分享‘找个像爸爸一样的男人就嫁了吧’，那样的鸡汤文还当真相信的都是缺心眼儿。”

我是一个旁观者，我既看到过男人把女人玩儿得团团转的，也看到过女人把男人玩儿得团团转的。吃饭的时候，男孩给我看女孩的朋友圈，巧的是正好女孩又分享了一个“如果碰到一个小爸爸一样的男人就嫁了吧”的漫画鸡汤文。男孩看了一眼笑了笑，然后眼泪刷地一下就下来了。

我并不想谴责那个女孩，没看上就是没看上，其实早一点儿让男孩明白这一点挺好的，半年不算长，我见过有玩儿备胎玩五六年的，姑娘算仗义的，只遛了半年“狗”。

前几天闲得无聊陪着老太太看了一期相亲节目，一个应征的北京男孩，阳光帅气，白净的英伦范儿，自己开了两家餐厅，最大的爱好就是打着飞的满世界吃好吃的，男孩最后坚持想追求的心动女生拒绝了他，拒绝的理由就是星座不合。

其实，就是不喜欢。就因为有感觉这东西存在，让女人跟了很多奇葩的男人，让男人爱上了很多不值得爱的女人。然后一群痴男怨女对真正的爱情视而不见，真是瞎了眼了！

瞧你一副不食人间烟火的样子

“多好的姑娘！那个甩了她的男人真是缺心眼儿！这么善解人意，处处替男朋友着想的大方懂事的姑娘现在简直就是濒危重点保护动物，居然还有男人把这样的好姑娘给甩了！简直就是令人发指……”这是我听到身边一个朋友眼中温婉贤惠的姑娘失恋后的第一反应。

正常人的思维模式应该是遇见好姑娘之后心里偷着乐的同时尽早把姑娘娶回家才算是圆满。但是我得说一句，您觉得爱情这件事本身正常吗？！多少平时人五人六的正常人一旦恋爱就变得不正常了，甚至转化成了极品和奇葩。不然微博上也不会有粉丝众多的“我的前任是个极品”的吐槽微博了。所以恋爱中人的思维根本就不能用正常人的思维去衡量他们当时的价值取向。也许在普罗大众看来是好的，在恋爱的人眼里就是厌恶的，而大家都觉得是坏的，热恋中的人喜欢到不行不行的。这就叫情人眼里出西施。

既然恋爱中的好坏并不是旁人眼中的好坏，那好男人和好姑娘被甩就“合情合理”了。话虽如此，但我经过细致的了解，最后得出的结论是：这个“好姑娘”被甩纯属活该！

为什么这么说呢？我给您说说她的几件事您就明白了。他男朋友总说自己配不上她，于是她就觉得这个男人特别谦虚，特别坦诚；她给男朋友打电话，十次有九次不接直接挂断，她跟闺蜜的说法是:“他不接肯定是在忙工作，他跟我说要努力工作好早日有成就配得上我。”然后一脸幸福地臆想。她的闺蜜听了肯定地告诉她:男的肯定不爱你，在找借口。她不信,后来果然分手的理由就是她太善解人意了、太好了，男人觉得怎么努力都配不上她。姑娘居然信以为真，临了儿还鼓励对方要对未来充满自信。她闺蜜听完说当时心里的感觉就是她没救了，阎王要是问她怎么死的，她肯定是傻死的。还有一次，一段新感情开始没多久就遇到了情人节，她男朋友情人节当天玩消失，而且手机关机了，明白人都知道这里有什么猫腻，情人节玩消失必须是陪情人去了，没有意外结果。可这位好姑娘当天找不到男朋友还安慰自己说男朋友肯定是工作太忙，不方便接电话，到了晚上还打不通电话，她竟然担心男人出意外担心得整宿失眠，第二天联系上了男朋友之后居然还哭着对对方说：“你没事我就安心了……”姑娘，你担心他的时候，他确定、一定以及肯定是和另一个姑娘在一起过情人节啊！

活该！这姑娘的大气和善解人意的基础结构是傻，即便她是高学历高智商，但是情商这东西低起来比弱智更让人着急。就算爱情让人迷失自己，蒙蔽了双眼，可也没有她这样睁眼瞎型的，在我看来，她完全是侮辱和拉低女性第六感整体素质的累赘，简直无语了。

好姑娘的好不是建立在傻的基础上，而且你如果在男人面前表现得不敏感和木讷只会激发男人对你说谎的欲望，也许第一次对你说谎的时候他还心存愧疚，但当你的善解人意让他放心大胆的时候，你就会像个傻子一样被他骗来骗去。爱情虽然不是侦探片，但是渣男往往是被女人培养出来的。而且现实生活里，女人越善解人意，反而越容易被男人抛弃，你的善解人意通常会让男人觉得你的存在可有可无，并且让他觉得不用顾忌你的感受的时候，男人的心理会产生这个女人根本就不需要我的感觉。不被需要，成了你懂事、理解以及体谅产生的误会。

你看到这里可能有点晕，因为多数男人的择偶标准里都有善解人意和大方懂事这个条件，说起来挺不好意思的，男人的心理说难伺候吧，有点儿高看了，其实就是犯贱，那点小心思矛盾着呢！内心纠结于把自己当回事儿的重视和在乎与犯了错之后能不被纠缠和发现为宜，这种扯淡的要求放任何一个女人那里应该都无法接受，于是在经过慎重考虑权衡利弊之后，男人觉得还是善解人意大方懂事更重要，因为保不齐哪天就得用到这样的技能来弥补过失。

刁蛮任性容易作死，善解人意容易挨蹬，关键在适度。太善解人意容易被人忽视，最后就直接无视了。所以完美的女人都是有点小作的好姑娘，女人不能没点小脾气，没脾气的人就像白开水，索然无味的解渴虽然可以活着，但人更愿意喝有滋有味的饮料。**有个性的好姑娘才是男人心中的女神哦！**

爱情不是救赎，更别指望报恩

人类总是崇拜英雄，而且总是会幻想自己是个英雄，伟大的英雄，伟大到可以拯救世界，拯救人类于水火；小到拯救小猫、小狗、花花草草。现实世界里没有超人，连超能力都没有，所以拯救世界、拯救人类的都是有权按核弹按钮的人。现实的人选择拯救那些比自己弱小的生物来满足自己的救世主情节。

我特别支持各位爱心人士去拯救小猫、小狗、花花草草。这是善举，要提倡！但是我必须一脸严肃地告诉你们，不要试图拯救一个异性，更准确地说是不要用自己的感情去拯救一个感情受伤的异性、一个落魄的异性、一个失意的异性、一个颓废的异性。那是天底下最傻的行为！没有之一！

我讲两个故事，一个男救世主的故事和一个女圣母玛利亚的故事。

我认识一个男孩，空窗了一段时间，朋友好心给他介绍了一个女孩。这个女孩刚失恋，而且很落魄，一个人孤身在北京，男孩觉得自己命中注定就是女孩的救世主，就是驾着七彩祥云的大英雄，然后就有一种不知道从哪儿冒出来的责任心，一心就想拯救这姑娘，给姑娘找房子，租好了房子帮她从暂住的朋友家搬家，每天所有的空闲时间都用来陪伴这个姑娘。姑娘精神颓废就找各种方式逗姑娘笑，然后发动周围的人帮她找工作，带她去郊游散心，每天接送姑娘上下班。所有人都看出来这个男孩对姑娘的意思了，当男孩觉得差不多可以表白的时候,女孩先一步说她爱上了男孩给她找的工作单位的部门经理了，并且已经生米煮成熟饭了。是不是一百个赞？！活该！多老的桥段，多没有新意的故事？说过多少次了，感动不是爱情，报恩根本就不能当姻缘使。

所有人都看出来了，你觉得姑娘是傻啊，还是脑瘫啊？！不知道男孩喜欢她？！活活儿的装傻。朋友问过姑娘怎么看这哥们，姑娘说就是生命中的好哥哥，是自己的福气。这哥们非说姑娘是不好意思。傻吧？！金疮药得是有伤的时候才拿出来用的，伤好了，金疮药就没用了！你要不嫌恶心，等下回受伤可以接着用。

不要试图去拯救一个落魄和受伤害的姑娘。更不要因为你拯救了她就觉得她会跟你怎么样。如果真压抑不住想当个英雄，就压根儿别想有什么回报和结果！别自作多情好吗？感动永远都不是爱情！除非你有本事让她一辈子都持续感动，别说你能！显然不能，那你感动她一辈子这种幼稚的想法也是扯。

男生的故事讲完了，讲一个圣母玛利亚的故事。很多人都看过一张漫画：一个人看到一个浑身是刺的仙人掌（废话，仙人掌没刺那是巨型茄子），跑过去拥抱它，它身上的刺都扎到了这个人的身上，把这个人搞得遍体鳞伤，然后这个人最终带着仙人掌的一身刺离开了。然后另一个人出现，拥抱没有了刺的仙人掌（这算前人栽树后人乘凉）。

我认识一个姑娘就一直在干漫画里这个人干的事情，她特别倒霉地遇见了一个情场失败的男人，这个男人被前女友要得团团转，骗光了所有钱还说谢谢的那种。直到发现前女友一直在用从自己手里骗走的钱养另一个男人，这哥们才醒悟、分手，但是他对女人的信任和看法以及对爱情的想法也跑偏了。

俩人认识是因为聊天，男人就是打算游戏人间了，聊天聊了自己被前女友坑的经历，这是套路，全是套路！激发母爱的套路。果不其然把姑娘给聊得同情心、母爱、圣母心各种泛滥，就觉得冥冥之中自己就应该拯救这个男人。明知道男的是游戏人间的，姑娘还充满感情的和男人游戏，然后各种小温暖、各种人文关怀，好的简直就跟临终关怀一样，想吃吃、想喝喝、想干啥干啥，满足他一切死前愿望，可他就是不死。姑娘始终认为，自己的伟大关爱就能让一个耍流氓的混蛋涅槃重生。

天底下就算有凤凰，也不长这个样。真的！两年，整整两年，男的在女孩身上发泄他的各种怨气、仇恨和戾气。直到有一天，男的就跟演电视剧一样把姑娘约到一个饭馆说要谈一件重要的事，居然是给姑娘介绍自己的新女朋友。号称俩人是一见钟情，并且一脸认真地感谢姑娘拯救了自己，让自己重新站到了阳光底下遇见了命中的她。姑娘微笑着祝福，然后说自己不当电灯泡了，就走了……走了……出了饭馆自己哭的跟傻子一样。真可怜，呵呵……

别试图用自己的青春和爱情去拯救一个人。这种关系产生不了爱情，恩情不能当爱情使。你拯救她（他），谁拯救你？！这就跟不会游泳的人看见有人落水，非得逞能自己跳河里救人，落水的人踩着你上岸了，你沉底儿了。有良心的人会说一句："你永远活在我心中。"管什么用？！人都已经死了，什么用都不管。

感情没有见义勇为这码事。任何一种救世主情节和圣母情节都是愚蠢和可笑的。也别指望对方报恩，你给人雪中送炭，指望她（他）一辈子还情？古代还行，现在可能吗？！你跟人家聊梁山，人家跟你讲三国。

"文革"时有多少出于报恩的婚姻结合都是以离婚和反目收场的。人是自私的，不可能用一辈子的幸福去还你曾经的雪中送炭。能念你的好就已经算不错了，要啥自行车啊！

谁也不是谁的救世主，谁也不是谁的圣母，别用自己的爱情去挽救那些感情受伤的人，别糟践自己那珍贵的爱情。你真的得不到你想要的，至多只是报恩，那样只会面目全非。

别总想拯救谁，管好自己，她（他）有自己管，用不着你瞎操心。

珍爱生命，远离负能量伴侣

关注我微信公众号的人群有一个明显特点，女多男少，大概已经到了 10：1 的比例，又因为我是一个男性的缘故，显然我不会背叛我的性别去站在女性阵营里跳着脚冲男人抱怨、骂街。这种买好的行为并不能给女性提供任何情感帮助。反而会扩大女性的怨气和不满，把原本芝麻绿豆大的事变成如鲠在喉的大矛盾。这显然不是一个情感专家该干的事，这就是搅屎棍子。所以关注我的女性也基本上都是想把日子过好、在平淡生活里想增加幸福感的人群。而我的作用，就是告诉女性一些男性根本就不会明说，却又会对感情造成隐患甚至积怨的事。

今天我想聊聊责任和负能量，我发现很多姑娘都认为找了男朋友或者嫁了个老公就要指望他、依靠他、仰仗他来解决你的一切困难和麻烦。而且绝大多数的媒体也都是这样宣传的，觉得这就是作为一个男人的责任和担当。于是，只要明确了关系，就一股脑把自己的麻烦和所有负能量都倾泻给自己的另一半。原本在朋友间不给对方添麻烦的思维原则变成了“添麻烦就对了，不然要你干吗”的思维模式，让他去转化你的负能量，让他去解决你的麻烦，让他去扮演神通广大、驾着七彩祥云的盖世英雄。

说真的，对于男性来说，不管爱不爱，都愿意在女性面前吹个牛逞个能，但是绝大多数男性吹过的牛都不太可能实现，更多的吹牛只是一种追求姑娘的手段。

肯定有姑娘觉得，既然男的吹牛，那要男人干吗？靠也靠不住，指望也指望不上。那就太偏激了，咱们都玩过游戏，闯关游戏有很多都会设定大保险技能。在遇见难关的时候放大保险保命通关。但是我们都明白游戏里的大保险一般都有次数限制，而且次数还挺少的，最多不超过三次。生活中，夫妻也好、情侣也好，最理想的状态是因为爱情走到一起，就算这个男人手眼通天，然后姑娘三天两头出状况，男人时刻准备着给伴侣擦屁股。这是一种怎样的体验？甭说搭帮过日子，就算是真爱，摊上这么一位伴侣，也挺崩溃的。特别客观和不带感情色彩地说一句大白话，谁也不乐意找个麻烦放身边，更不可能找个手雷带在身上。

我认识一个姑娘，也许是心态问题，她总是遇到喝凉水都塞牙的那种倒霉事。而且每天因为自己的不顺心，总是跟身边人抱怨这个领导给她穿小鞋、那个同事对她不尊重，连上厕所都要看保洁阿姨的脸色。每天感觉她都是自带表情包里印堂发黑的怨念脸。

真是王八看绿豆——对上眼儿了，有爱孙猴子就有爱猪八戒的，也是萝卜白菜各有所爱。单位来了个新同事，不知道什么情况一来二去俩人就成了一对情侣。听说是男孩帮女孩解决了一个工作上的问题后俩人互生好感。开始，俩人还不错，不过姑娘谈了恋爱还是一副怨念的表情包脸。每天就把男朋友拽到吸烟室吐槽部门的各种不公和钩心斗角。不夸张地说，一个阳光大男孩，不到半年，人也颓了，走道也晃悠了，看谁的眼神都不太友好，整天躁躁的，跟同事吵过 N 次架，天天跟“大姨夫”附体一样。

有一回哥几个聚餐，不知道谁把他叫来一起吃饭，然后就因为服务员上菜有点慢，他对一个很年轻的服务员小姑娘就各种刁难外加骂骂咧咧，还要找饭店经理理论。我嘴欠就问了他一句：“你说你整天火气这么大，你有过高兴的时候吗？！”

他很不友好地斜眼看我一眼说：“没有！”

我说：“那你还记得你刚来的时候是这样的吗？”

他梗着脖子说：“我要知道这个单位这个鬼样子，我压根儿就不来。”

我看着他特别认真地问：“你是自己体会到这个单位不好？还是谁跟你说这个单位不好了？”

他看着我想了想说：“这还用说吗？谁都觉得这个单位不怎么样啊！”

我笑着说：“我没觉得这个单位不好。你觉得呢？”我转头问旁边的同事，同事也摇头说：“没有。”坐在对面的同事说：“说良心话，这个公司的福利待遇比别的公司强太多了，比上不足比下有余，虽然也没什么大发展，不过也没坏到你说的那个地步。”

他歪着头看着说话的这个同事："是吗？"

我说："我觉得你比刚来单位的时候暴躁了很多，你刚进单位的时候天天跟谁都乐呵呵的。财务大姐还管你叫暖男，综合科小姑娘叫你阳光男孩。你说你现在怎么这么大的戾气呢？"

他看看我，又看看身边的同事："是吗？"这个时候电话响了，我们都知道电话那头是谁，男孩本来舒缓的眉头又急速地拧到了一起："又怎么啦？！你能不能别跟你妈吵架啊！你让我哄？！我怎么哄啊？！"说到这儿，他压低了声音起身出门，大冬天在门外打了半个小时电话。

一桌子人都知道他是为什么变成这样的，只是中国人常说"宁拆十座庙，不毁一段缘"。所以不管多不合适，也喜欢抹稀泥让双方凑合过。谁都不会去把这层窗户纸捅破。

饭快吃完了，他才进来，脸冻得通红，抓起外套就走，到门口回头跟我们说："对不住各位，我先走了，家里有点儿事。"我们赶紧说："走吧走吧，甭着急，有话好好说。"他看了大家一眼，苦笑了一下就走了。

大概又过了一个月，男孩辞职了，并且和这个女同事分手了。女同事天天跟行尸走肉一样，还会在厕所、吸烟室、楼梯间哭。可是我们都觉得挺好的，不管是男同事还是女同事，都觉得这个男孩再不和这姑娘分手就完蛋了。

我们跟这个姑娘只是同事关系，并且她从来没跟我们任何人发生过直接冲突，但是谁也不愿意搭理她，不是因为别的，就是因为她全身都散发着让人喘不过气的怨气和负能量，你跟她说点儿什么事，她先说这根本不可行，然后一顿狂打击，然后就是各种抱怨天妒英才，各种天时不利地利不和。总之就是什么事到她这儿就算到站了，不光办不成，还会成为她的又一个槽点。

每天跟她一个办公室的大姐总是跑到我们办公室倒苦水，感觉跟她总待在一起，能月经不调、内分泌紊乱、更年期都得提前了，回家明显跟自己老公火气大，下雨天儿打孩子——反正闲着也是闲着。

我举的这个例子特别极端，因为太有代表性了。我只是想说，谁都不爱跟怨气重的人生活在一起，连工作在一起都难受，就更别提过日子了。其实不管男人还是女人，总觉得谈恋爱就应该是我不高兴，你逗我笑，哄我开心，这才是情侣才是爱人。遇到事了，你帮我办好，你帮我解决，这才是男朋友，这才是丈夫。我说，这是爹，而且是老来得子的那种婆婆爹。

总是不高兴的人，人生注定就是个悲剧，再深厚的感情也想躲远远的。这不是责任和担当的问题，这是再待一分钟就要得抑郁症的问题。人首先不能把自己活成一个麻烦和包袱。你老指望别人去给你解决麻烦，逗你开心，哄你玩，帮你扛包袱，喝水用喂么？要不饭也让人帮你吃算了。

爱情承担的是感情责任，是不背叛，是分担。你要是全靠对方，自己不好好站着，那靠不住摔个大仰八叉纯粹叫活该。

真别拿爱情说事，爱情管的事儿也忒多了，那还纯粹得起来吗？！男人也好，女人也好，靠谁都不如靠自己，爱情和婚姻从来就不是饭票和靠山，那是心灵伴侣，是解决孤独的问题。我养你这话可以有，但你也得高高兴兴的吧？

如果你正处在怨气很深的状态，如果你身在颓废抑郁的深渊，请看心理医生，看好了心理疾病再谈恋爱。**希望所有人都拥有一个健康、阳光、正能量的爱人。珍爱生命，远离负能量伴侣。**

结婚这件事儿

- 结婚不是为了离婚，任何不离不弃都是因为你无可替代。

- 婚姻只是重要人生的开始，你开始的时候就没给他讲明白使用手册和注意事项，出了安全事故算谁的呢？！

- 婚姻不是用来尽孝的，婚姻也不是用来报恩的，婚姻更不是为了给身边关心你的人一个交代的。

怎么嫁才幸福

我最近其实越来越迷茫：到底什么是钱买不来的？大概是因为最近跟我咨询的姑娘越来越多地提到某著名情感公众号说的关于男女MV、PU这样的自身条件等价兑换的婚姻理论。我并不反对婚姻和爱情都必须有物质基础这个原则，但不能偏激地把婚姻和情感都物化为投资行为吧？毕竟能用钱解决的问题都不是问题，而女人对婚姻、爱情的需求应该不是靠甩几沓人民币就能解决的，难道用甩的人民币去寻求慰藉么？

我还是固执地认为，有很多东西是物质取代不了的。这跟圣母心没关系，也不是站着说话不腰疼，而是因为我了解人性的需求，同时更了解女性的心理需求。

从人性的角度来说，缺什么就渴望得到什么，缺钱就希望有钱，缺爱就希望有爱。如果两者都缺，就取急需的。从这点上说，我觉得嫁个有钱人的想法并不可耻，甚至还挺真诚的。不藏着掖着，比起很多绿茶婊嘴上说“我不看重你的钱，我爱的就是感觉，感觉对了，什么都可以放弃。”然后频繁地给穷屌丝发好人卡，发备胎卡，让这些不符合要求，但是可以当短期饭票的男人每天都充满了幻想，认为有一天可以和她双宿双飞。和这种贱人比起来，我觉得谈条件的女孩简直善良得跟天使一样。

但是从女性的心理上来讲，从性别特征上来分析，女性比男性更容易“饱暖思淫欲”。

所谓“饱暖思淫欲”就是满足了对物质基础的要求之后，在感情和婚姻生活里寻求更多的精神慰藉，也就是跟生意伙伴谈感情。按照之前那个情感公众号提出的理论，那任何感情都可以成为一桩生意，女人用脸换生活，男人用钱买女人。女人想方设法提高自身价值来卖个好价钱，让男人加大关系中的金钱投入就可以舍不得放弃婚姻。男人则更简单粗暴，只要想方设法挣钱，就可以娶到海天盛筵级别的女人或者坐拥后宫佳丽三千。这个理论的基础是建立在所有男人都靠不住的基础之上，所以控制男人的手段只有钱！这个理论有一个致命的缺陷，就是百分之九十九的普通女性都要贱卖自己。这是买卖，薄利多销，不是爱情，需要用全世界换你。

那么既然一切源于钱，为什么还要谈感情呢？还是那句话，人在缺钱的时候渴望钱，在不缺钱的时候，还是找爱。他只能给钱，那怎么办？各玩儿各的？不是不可以，有悖于我的价值观，只提醒一句，姑娘别玩儿现了。

这种理论在现在这么透明的网络信息时代，教女人掌握的方法男人掌握起来应该更胜一筹吧？毕竟男人理性起来要比女人冷酷得多。如果是这样，只要把这个情感理论反向操作，制服脑残粉真的是分分钟的事儿。回敬脑残粉的话也就只有一句：“结婚前我跟你谈感情，你跟我谈钱，结婚后我跟你谈钱了，你跟我谈感情。”提醒诸位看过并且信奉的女粉丝一句：我跟几位成功男性聊过这个情感专家的理论，基本都是极度反感，并且表示如果发现自己女友或妻子是粉丝，会多加小心提防。所以，自求多福。

如果一场婚姻做成了买卖，男方按照女方的要求达成了物质要求，那么这场婚姻的规则就已经由女方制定出来了。而后，在婚姻过程中，男女双方要做的就是遵守规则，遵守则相安无事，不遵守……那就后果自负了。可是女性心理特征决定了女性在长期稳定的婚姻生活中对情感的需求会变得强烈，想要改变之前制定的物质原则。这就是一种鱼与熊掌兼得的欲望，至于欲望能不能被满足，就完全看男方乐不乐意了。

社会挺残酷的，投入不一定有回报，不投入就肯定没有回报。在感情和婚姻中，玩儿理性我觉得女人永远都是处于下风的。任何一个女人只需要培养自己鉴别渣男的能力就可以了，其余真的如同邪教一样没什么好处。在这么残酷的社会环境里，一个感性的女人跟一个理性的男人谈一个婚姻的买卖……这简直跟玩火自焚没什么区别！

男人不是下半身思考的动物！男人并不是下半身思考的动物！男人真的不是下半身思考的动物！重要的事情说三遍！男人只有在合适环境下遇见一个可以不负责任的姑娘时，才会临时启动下半身思考模式！注意只是“临时启动”的一个临时程序而已！绝大多数男人在婚姻面前都是理性的，这个时候他需要的是女性感性情感的感染和互补，你要在这个时候跟他谈买卖，你觉得他将来在婚姻里还能投入多少感情？

按照这个说法，估计很多女性会觉得既然都是赌，那就赌个性价比高的好了。所谓性价比就是：既然真爱那么不靠谱，还是找个条件好的，不就是过日子嘛。中国女性有相当一部分在非常年轻的时候就把自己的婚姻生活过成了行尸走肉一样搭帮过日子的状态，因为选择实际就是这样的结果，毫无悬念。我觉得当今离婚率如此之高的原因也是因为现在搭帮过日子的人太多了。条件合适就结婚，这个选择的概率要比投缘这种虚头巴脑的概率大得多。和你条件合适的人可以有很多，张三、李四、王二麻子。同样，对于男人来说，如果择偶观也是搭帮过日子而不是爱情，那他的配偶也可以是张三、李四、王二麻子的多选题。两个跟谁都能过的条件相当的人的婚姻能稳固到哪儿去？可以搭帮的人那么多，被替换的概率也就呵呵呵了……

如果你是个四十岁的女人，那么，我会非常诚恳地建议你脚踏实地找个比自己大十岁左右条件相当的人做伴。如果你是个二十几岁三十出头的女人。我要是建议你找个条件差不多的结婚，那我就是给你挖坑害你呢。在男人眼里，和一个没有爱情、只是适合结婚的女人结婚是这样一种感受：首先日子会过成相安无事的状态，其次在性生活上，你的肉体和张三、李四、王二麻子没有任何区别。爱情是女人湿润的开关,男人也差不多。很多情感专家把男人形容为低级的生物，我觉得这对女人经营婚姻特别不好。在一个男性主导的社会里，藐视男性本身就是一种自欺欺人。用一种不存在的假象来蒙蔽女性，让女性产生一种不切实际的优越感，容易产生作的心理，这就是为什么现在公主病和作女特别多的原因。

富贵夫妻毕竟是少数，能靠利益约束配偶的也是少数中的少数，真要是嫁进豪门，掌握财权简直就是做梦。《婚姻法》改了之后，很多所谓的情感专家立刻跳出来说女人在婚姻里吃亏了，没有保障了，离了婚都净身出户了，搞得很多本来很幸福的女性立刻心理失衡，幸福感降低甚至丧失。绝大部分男性听到这个论调都是一个反应："难道女人结婚是为了离婚的吗？难道还没结婚就想好退路了？"甚至对你投入的爱情产生质疑。很少一部分有能力的男性会做一份财产公证，然后在婚前拿出一部分自己可以接受的利益赠予女方，当作是婚姻的保障和诚意，你以为那是保护你？别傻了好吗！那是为了最大限度地保证你得不到他的那部分利益，男人只会比你更精明。如果你离婚的时候想要那一部分利益基本就是美好的愿望而已。大部分人的婚姻还是普通人的婚姻，普通人没有可以舍弃的利益。那么会怎么样呢？争斗？闹别扭？埋下各种婚姻的伏笔和恶果？

现实环境是这样的：你投入未必能有回报，但如果你种下了因，一定会得到一个果，这是报复心理作祟。古话有说："君子报仇，十年不晚""三十年河东，三十年河西"。况且从女性的角度来说，优势不一定能保持十年，所以被报复的时间大大地缩短了。

我前面说的一切都是以搭帮过日子为基础的，如果有爱情，婚姻不是这个样子的。性和爱情被很多中国人觉得是羞于启齿的事，都不用说古代，往上说二十年，乱搞男女关系都是触犯法律的罪，是为人不齿的事，是不道德的事。

人总有惯性思维。我们这一代人在结婚择偶的时候常常听到父母长辈说："差不多就得了，跟谁不是过？就是搭帮过日子，别那么挑剔……你看我跟你爹，磕磕绊绊不也是一辈子吗？不也把你养这么大吗？"他们受的迫害正在以爱的名义继续迫害我们的幸福！说句不该说的话。如果没有爱：父母是搭帮过日子，那应该是一种爹死娘嫁人——各人顾各人才对，顶多眼窝湿一下，感叹一下造化弄人、英年早逝算到头了。可是有多少人因为丧偶几乎丢掉半条命，甚至抑郁而死！这是搭帮过日子的效果吗？无非是死了一个搭帮过日子的合伙人而已，和死了个熟人朋友有啥区别？

真不是！他们那一代人根本就不敢承认自己的婚姻是爱情，或者不愿意承认，在他们的脑子里提爱情就跟提性生活一样，有种臭不要脸的味道。不能提就是不存在吗？这是掩耳盗铃！可是他们却用他们过来人的理论去催眠我们这一代人，让我们真的去找一个没感情、不讨厌的人搭帮过日子。结果可想而知！

锦衣玉食绝对替代不了夫唱妇随的幸福，把自己的肉体当成一种资本投入一段婚姻，得到的必定只是卖肉的钱而已。不过话说回来，婚姻也是改变命运的一种方法，就看你需要什么或者缺什么又或者是急需什么。毕竟饿着肚子谈恋爱也低血糖头晕。如果连吃饱都成问题，谈爱情那是不切实际，毕竟贫贱夫妻百事哀也是老话。是雪中送炭还是锦上添花，自己选。富贵与贫穷的婚姻是两个极端，大部分是游走在中间的普通婚姻。既然不是生死急需，还是凭心去选吧。

古人有这样的话：“百年修得同船渡，千年修得共枕眠。”因为爱情本身就是小概率选择，不是条件合适谁都可以的多选题。我不想说谁的理论是错的，也不想去干涉谁想把结婚当成历史使命、人生目的去完成。我只想说，**结婚不是为了离婚，任何不离不弃都是因为你无可替代**。地球离了谁都能转这句话是对公司、单位和生意说的，谁内心深爱的那个人都不是随便什么人就能取代得了的。一个搭帮过日子的人，就算嘴上不说，难产时也会在保大保小的问题上犹豫一下子，只有相爱的伴侣，才会义无反顾地保你周全。每个人的爱情都是神圣的，你不亵渎她，没人能亵渎她。

每当快到春节的时候，各位单身青年回家都要面临结婚的拷问，希望这篇文章能让你依然坚持找寻爱人的信心，也许就在下一个拐角，你就遇见了那个你值得托付的人。**别让自己遇到爱人时，悔不当初没有坚持。**

不要为了结婚伪装自己

婚姻是互相取暖，冷暖互知！

结婚并不是爱情生活的关底，更不是圆满的大结局，这只是你人生最大一场战役的开始，所以，任何一个人都不要为了进入这场婚姻而盲目地伪装自己以达到迅速结婚的目的。

老话说："婚姻是一座城池，里面的人想出来，外面的人想进去。"因为性别的原因，女人的结婚压力要比男人大得多，即便在一线城市，女人依然感受这并不轻松的结婚压力。所以，很多人为了能够快速地把自己嫁出去，开始伪装自己。这并不是什么错，也无可厚非，只是这样一来，你是在给自己的婚姻埋下地雷而已。

早年间，很多情感节目里经常看到很多女人在婚姻出现问题时，时常抱怨一个问题：男人一结婚就性情大变，和结婚前完全不一样，甚至像完全变了一个人，恋爱时的殷勤照顾、关怀备至都没有了，取而代之的是又馋又懒、大爷脾气。女人常常吐槽自己轻易相信男人伪装的假象，被男人婚前的种种伪装所蒙蔽，并给这种行为定性成骗婚。有些女人碍于传统观念凑合过，也就是进入了搭帮过日子的恶性循环，有些则选择了离婚。

不知道从什么时候开始，我身边抱怨的男人逐渐多了起来，大部分都是抱怨自己的老婆结婚前百般温柔，千般妩媚，各种美好小清新，婚后变成了脾气暴躁的“炸弹”，唯利是图的怨妇以及斤斤计较的作女。而抱怨的男人无一例外地都离婚了，没有任何一个男人选择凑合过、搭帮过日子。

我觉得相对于部分女人选择搭帮过日子,男人的选择才是明智的：你搭帮过日子，最终也不会有你想要的生活，也不会有你想要的结果。如果你嫁入豪门，想转入什么狗屁大房模式，那你纯粹就是把自己当成一个随时会被处以极刑的已经进了肉联厂的生猪，唯一的区别就是什么时候被屠宰。现在的法律我相信任何一个人都明白，不是什么结了婚再离婚就半儿劈的年月了，任何一个有脑子的土豪要么在婚前做了财产公证，要么压根儿就是婚前财产，离婚后你什么都没有，你想转大房模式纯粹是想当下岗女工！

别说什么母凭子贵，这也是扯淡的事。豪门基本没有拿不到孩子抚养权的，听明白了吗？所以醒醒吧！别做梦了！孩子根本要挟不到豪门，别被电视剧蒙了还沾沾自喜好吗？电视里都是骗人的，而且中国编剧大部分在写剧本的时候，都把观众设想成傻子！法律根本不是狗血剧情。豪门恩怨都如此，寻常百姓就更没什么大惊小怪的了。除非你抓的是你前夫的犯罪证据，否则你别想讨到任何便宜！当然，如果你前夫是个缺心眼儿，另当别论，但话说回来，缺心眼儿都跟你离，那你也够衰的，没有之一。

话说得很残忍是因为现实本来就特别残忍，你要什么样的人陪伴终身，首先你连你真实的样子都不敢给他看，怎么指望他在婚后接受你？这真的是一个特别扯的想法。任何一个男人—我说的是所有的男人，他的责任感取决于女人是不是靠谱。这并不是推卸责任。一个女人如果在婚前隐藏自己的结婚诉求，婚后却要求这个男人去满足婚前他并没想到的你的要求,男人的第一反应就是受骗上当了。从心理上，男人会产生一种“被骗在先，那就别怪我了”的微妙心理。当然这种心理会随着你要求的强烈程度逐渐强化，一直到崩盘离婚。

一个聪明女人，想经营好自己的婚姻首先要问问自己能不能做到婚前婚后一致。反正在我的认知世界里，人不可能装一辈子，想前后一致，那婚前真的别装，那些压根儿就做不到的事情说都不要说。男人一点都不傻，别因为舆论说男人是下半身思考的动物，就真的认为男人都是用下半身思考的动物，轻视异性的智商本身就是一种愚蠢的行为，更何况这个地球上最费脑子的政治博弈和经济命脉百分之九十五都是由男人把玩。男人靠征服世界来征服女人，女人靠征服男人来征服世界。凭什么征服男人？——装？隐藏？这根本不可能，男人明白过来，女人立刻就会成为弃妇，越有能力的男人越是如此。那些优柔寡断放不下的男人，你也别指望他有能力满足你的要求。

平衡很重要，方法也很重要，你的诉求一定要在婚前就让你未来的伴侣知道，男人会给女人描绘一些未来生活，女人也需要告知男人对未来的诉求。如果你需要一个奢华的婚礼，你就别装作很懂事的样子说你不需要那样的一个婚礼；如果你需要优越的生活，你就不要跟土豪说你什么都没有我也跟你，这不叫懂事儿，这叫得便宜卖乖，他压根儿就不会相信。如果你做不到，你就不要说。男女的平等在任何地方都要体现，女人要求男人做不到就不要说，说到就要做到，好吧，女人也要这样，别因为自己是女人就放松自己，做不到同样也不会被尊重，甚至会被轻视。任何一个能说到做到的女人，男人都不敢轻视。这是真话！

你提的任何要求，没有合理不合理，只有对方接受不接受，接受即合理，接受不了的话，再平凡的诉求对对方而言也叫不合理。再说一遍！**婚姻只是重要人生的开始，你开始的时候就没给他讲明白使用手册和注意事项，出了安全事故算谁的呢？！**

我希望所有女人都能把自己的爱情延伸到婚姻中去，这需要良好的开端、真实的自己、用心的经营。这不仅是对男人，也是对女人此生最重要的考验。是过客还是伴侣都靠自己，幸福是掌握在自己手里的。所以，你要在一开始就告诉他你脑海中的幸福是什么样的。别着急把自己嫁出去，结婚不是为了离婚的，幸福是掌握在自己手里的，后一句其实是：**这世界上只有自己能对自己负责。**

好的爱情让人快乐，好的婚姻是桃花源。这世界上没有一种幸福不需要努力，婚姻尤甚！婚姻只是万里长征才开始，那些躺在摇椅里慢慢聊的都是情投意合的人。我们这一代不太可能再有吵吵闹闹过一辈子的夫妻，因为那个时代已经过去了。说好听是自我了，说不好听是自私了。白头偕老的更多的是同一路人，或者是有共同利益的人。

你如果做不到低到尘埃里，压根儿就别做那样的事，就死等那个认为你是他的小公主的王子吧，那才是你的幸福！

吃亏事小，嫁错事大

有人在公众号给我留言让我聊聊婚姻。也对，总教人谈恋爱，再怎么擦亮眼睛都还是奔着结婚去的，毕竟现在不是古代，也不是那个挑起盖头是谁就是谁，甭管眼前一黑还是眼前一亮都得过一辈子的年代了。我想,任何人结婚都不是为了离婚的。但是为什么有那么多人离婚呢?除了过不下去的原因之外，其实结婚时的盲目也是自己埋下的祸根。

首先，我一点也不赞成闪婚，任何三个月以内的闪电结婚都埋藏着各种祸根，因为这不是古代，过不下去分分钟就可以离婚。因为离婚太容易，所以结婚就必须慎重！大家都是成年人，在这个早就普及了婚前性行为的年代，那些羞涩的遮羞布早就不知道扔到哪里去了。所以，如果两情相悦，大可以像买鞋一样试穿，来回走两步，甚至7天无理由退货。说得太直白，让人觉得这是给男人白睡姑娘找了借口和理由，可是当着明人不说暗话，对女人而言，比睡错了男人更可怕的是嫁错了男人。所以，吃亏是小事，嫁错是大事！让不配负责任的男人对你负责任是天底下最愚蠢的事！切记！

其次，为什么嫁？女人结婚的理由现在越来越丰富多彩了，但万变不离其宗，好歹要嫁的这个男人得有的可图。直男癌别急！别一说图什么就想到钱！你之所以对钱如此敏感，是因为你没把你的爱情看得比钱重要，所以价值观不同可以移步。不过说到有的可图，确实不仅仅是金钱和物质。因为那确实不是女人对男人理想的全部。毕竟有朴实的、优质的、自立的甚或家庭环境优越的女人并不在乎钱，如果一味地只说图钱,未免男人的思维就太过于狭隘了。既然有图感情的，那么我们就来说说感情。所有人的理想都是找到那个互相倾慕的爱人，甭管是不是矫情，没落听之前，每一个人，不管是男人还是女人都会有这样的梦想。

不过，爱人是个苦差事，天底下最苦的差事就是爱人。因为那苦的并不是身体，而是自己的心……如果你幸运地遇到了也同时爱你的人，两人一拍即合自然不苦，但多数人的境遇是：谁先动了真情谁完蛋。不然，那么多苦情戏要没有那么多痴男怨女的大情种填坑，你以为靠编故事能编出那么出彩狗血贱骨头的桥段来吗？其实,比起爱人，被爱才是天堂，这里被爱并不是说任何张三、李四、王二麻子投来的倾慕都是幸福的，遇见骚扰的变态该报警还是得报警！我指的是在一种般配的条件下所获得的倾慕和爱。如果这份倾慕和爱让你感到舒适快乐，那么就是好的。如果不是，就尽早解决。

既然上面说到了般配，我就不得不说一下这个问题。多少人都反驳过这样一个门当户对的观点，认为都什么年代了，还讲这个？姑娘，如果你在外国，这一切的一切都不是事儿，但是如果你是在中国，那我劝你别给自己找恶心。因为你嫁的并不是一个男人，而是嫁给了一个家庭；他娶的也并非是一个女人，而是娶了一个家庭。在人际关系决定生存的中国，婚姻是两个家族的事，而不是两个人的事。除非你俩能做到结婚就没爹没妈，不然双方父母如果心存芥蒂或者因为门不当户不对而一早就心存歧视或怨气，这婚姻必定会面目全非到再也不是当初你初见她的样子了……任何感情，请一定在考虑是否般配的前提下，再考虑对方是不是可持续发展的那个人。这个般配包括经济条件、成长环境、家庭环境以及受教育的程度。男人可以高攀，但女人最好别下嫁。除非你的情商足够高，否则想都不要想！

再次，千万别因为岁数大了而嫁，岁数大并不代表什么，但是因为自己年龄压力草率地找人嫁了，对自己不负责任的同时对对方也不负责任。因为你嫁的可能只是个条件合适的人，但如果婚姻只是两个条件合适的人就能搭帮过日子，那就太简单、低能了，人类社会就该退步了。

人不是动物，动物可以母的站一边，看一群公的为了争夺交配权而大打出手，最后赢的跑过去传宗接代。那只是为了优胜劣汰繁殖下一代。人则不同，人的感情决定了一切。而婚姻就是情感交流的港湾，让两个人可以在港湾里躲避风浪，互相温暖，而不用再漫无目的地漂泊……

最后，别为了生孩子而结婚，这和因为年龄大而结婚是一个道理，却比因为年龄压力而结婚更对自己不负责任。女人所要做的，就是保养好自己的身体，善待自己。孩子不是女人的归宿，女人的归宿是家，是有个爱你的男人的家。孩子，真的只是女人生命中的过客，有多少孩子会一直陪伴在父母身边？这样的陪伴是多么奢侈！所以真正陪伴自己老去的是你的伴侣……请记住！

想了想，因为最近很压抑，不想举那些活生生的例子来证明我说的都是实话，懂的人自然懂，不懂的人还是不会明白，好话拦不住要死的鬼，就这样吧……各安晴天。

高富帅还要忠无盐

总听身边的女性说自己的最终理想就是嫁给高富帅，我听了一点都不觉得好笑，这是多么崇高的理想啊！这就跟男人希望功成名就、事业有成一样。好女人都把自己的婚姻当成事业来经营。可是，光嫁给高富帅就可以幸福了吗？ NO！很多女人嘴里说的高富帅是韩剧里的高富帅，天天不用上班，即便上班也就是晃到公司耍耍帅，出席个公众场合微笑着面对镜头和粉丝,然后有大把的时间都用来陪女主角，所有心思都用在如何让女主角体会各种温暖和关怀，最重要的是可以做到像古代成功守节到死的寡妇一样忠贞！

我想说的是：“中国广大都市女性的择偶观已经被韩剧给玩儿坏了！”这种韩剧男主角那样的男子在古代封建制度严酷迫害女性的环境中，能在死后立下贞节牌坊的寡妇都属于少数……你让一个男人，一个有钱的男人、一个又高又帅的男人去遵守这种非人的忠贞，你当女主角是仙女吗？！关键还得可以在包容你一切坏脾气、应付你各种奇葩要求的同时，面对温柔大方、体贴入微的女二号无动于衷、冷若冰霜。亲！这怎么可能？！他不是你养的一条狗啊！狗里还有哈士奇这种“撒手没”的二货哪！

其实，高富帅在中国太多了，你从各国惧怕的中国移民潮就可以看出中国的富人阶层有多庞大。但是各位女主角盼望嫁的高富帅其实还得有一个别名——“忠无盐”。不是那个丑娘娘钟无盐，这个忠无盐是女人眼中好男人的特质：忠是忠诚专一，不花心；无是无不良嗜好；盐就是取咸的谐音——闲，也就是有大把空闲的时间陪伴在你左右。这些优点再加上高富帅，那才是你想嫁的高富帅，也就成了韩剧里面的男主角了。女人一辈子能碰上这样的男人概率已经不是能用中福彩五百万的概率来形容了，中头彩的概率形容这件事儿都叫高到离谱！这完全就是几亿光年外白矮星一次耀斑产生的磁场变化波及了星系中小行星带的一颗陨石，经由蝴蝶效应的作用，飞跃几亿光年冲破地球大气层然后正好落在你家阳台上，并且因为进入大气层时摩擦燃烧最后成了一颗心形的石头思密达……此段叙述灵感来自于韩剧《来自星星的你》。要不怎么说韩剧是铁了心要把中国女性的择偶观玩坏了呢思密达！

咱都不提照照镜子这么接地气的诚恳建议，咱就自言自语：高、富，还帅！忠、无，还盐。韩剧里这种男主角都只能是外星人了，这现实还不够血淋淋吗？

这就跟男人提出女人必须青春永驻永远 18 岁还得是女大款，每天换一个模样得跟着时尚杂志的封面节奏来，各种婀娜多姿、前凸后翘的同时，还就得爱他一个人，对众多的追求者视而不见的要求一样。你要真是这样的仙女你都得问那男的一句：“你凭什么就让我爱你一个人啊？！”

梦不是不能做，但不能走火入魔，现实就是把残酷的杀猪刀，女大款多数都是老阿姨，高富帅一般都爱玩游戏。**幸福的基础是脚踏实地。**

二手男人和二手珠宝

曾经有个女孩给我讲过一个故事：小薇和男友好了两年半了，过生日的时候男朋友送她一条钻石链子和一个钻戒。当时她很开心，但是最近刚知道那个钻戒和链子其实是男朋友和5年前的女朋友在一起时，他妈妈很喜欢那个女生，亲自给那个女生买的。后来他们分手女孩把东西还给了男孩，然后男孩又转送给小薇的。当时男朋友给小薇时戒指有点小，她就问过这个问题，他否认了，但是现在让她知道了这是事实。小薇现在很矛盾：喜欢他，却过不了自己这一关；放弃，又舍不得。

“钻石恒久远，一颗永流传。”钻石好像是现代才流行起来的定情信物，也是从西方舶来的习俗，这要放过去，那肯定是婆婆（你男人他妈）从樟木箱子底下刨半天拿出一红布包，眼含热泪颤颤巍巍端到你面前，然后里三层外三层地揭开，里面包的不是个金镏子就是个翡翠镯子，然后语重心长地跟你说这是娘家妈的婆婆的娘家妈陪嫁传给了她，然后她光荣地把传家宝和他儿子托付给你，这门亲就这么订了！你就是儿媳妇了，后悔都来不及了，除非盼着男人休书。

不过这也就是过去，要放现在怎么办？养儿子的家长其实挺头疼的，儿子不靠谱，今儿带一个回家，明儿换一个，当妈的能有几件祖传的宝贝送啊？这要都送新的，家里开荣宝斋的估计也败光了。说实话，我们家老太太手里也砸了几件二手珠宝，曾经也很头疼，我倒真没觉得二手珠宝有什么不妥的地方，主要是不知道他那不靠谱的儿子什么时候能靠谱。婚姻自由的负面影响就是爹妈被忽悠得找不着北。当真吧，不定哪天儿子把人家给踹了，或者被人家给踹了。不认真吧，你说人一大姑娘跟自己儿子，也觉得过意不去。这是人方面的因素。

我再说说东西的因素。现在的珠宝市场是这个样子的，黄金一般都是打个八折以旧换新，然后还得再交一笔手工费，这都好说，关键是白金和钻饰，那东西除了像北京菜百这样的商场只收有本商场发票的白金首饰以外，其他一概不收。什么 PT950、PT990，那东西买的时候真费钱，但一旦买到手，发票丢不丢你都卖不出去了。非要卖也就是以十分之一强的价钱卖当铺。一般都不那么干，真的！这一个钻石项链，送过人了，分手了要回来了，再送就送不出去了，怎么办？等爹妈死了当遗产继承？

老话说，“项链是婆婆替儿子拴住儿媳妇的锁链，戒指是代表真爱”。套错了人、送错了人它就不能再套人了？那颗钻石就不代表真爱了？感情都可以重来，为什么明晃晃的钻石就不能重来呢？钻石是送给真爱的，送给你，你就是他的真爱，谁送这种东西也都没想过要回来的事儿。如果你因为这件事就分手，那这份爱情是不是也忒儿戏了？

这幸亏不是祖传的东西，这要是祖传的东西，完了，送错一次，这东西就再也传不下去了。有些事情别太较真儿，钻石代表的是爱情，代表的是心，没代表哪个姑娘，你都能接受你的二手爷们，要较真儿还有完啊？现在这个社会，只要家里不是大款的平常人家，没有说跟姑娘玩玩就送钻石项链、钻石戒指的，平常人家那都是送自家人的，婆婆送儿媳妇，丈夫送老婆。他把你当自家人，你呢？

那是一种表达爱的方式，那是一种对你认可并信任的方式，那不是你抛弃他的理由，也不是你放弃真爱的理由。

男人眼里的郎才女貌

和女人一样，男人的爱情里也有条件和般配，只是男人从来不会像女人那么直接地表达出来，这一点上，我必须说一句公道话："男人没有女人那么光明磊落。"大多数男人都会因为外貌而对一个女人产生好感，但是爱情是最虚幻的东西，就像女人找丈夫需要有房有车，尽量不想裸婚嫁出去一样，男人心里也有自己的衡量标准。

男人的标准不像女人那样直观地看待男朋友的自身条件和是否有发展，大部分聪明的女人都希望嫁给富一代而不是富二代。因为富一代会和女人有婚后财产，而富二代几乎都是婚前财产，在这个婚姻法保护男性权利比较多的现实社会里。这本身就带有一定的不确定性。而聪明的男人一般都会比较关注女人的家庭条件而非女人本身是否能干。这是因为能干的女人一般都会非常强势，在男性的共同认知里，强势的女人是最不适合娶回家做老婆的。而如果是女人家庭条件很好，就意味着娘家家底很殷实。

男人娶老婆看娘家条件可能是因为中国的国情决定的，一般来说，中国的婚姻是最麻烦的，它并不像外国人的婚姻那样是两个人的事情，在中国，一场婚姻是两个家族的结合，而且世世代代都有男人要担负养家糊口改善提高生活条件的责任，这里的改善也并不是两个人的生活，而是担负夫妻间的生活水平、男方家的生活水平和女方家的生活水平。因为中国实行了多年的独生子女政策，所以两个年轻人一旦结婚，如果两家的生活水平都很一般的话，女人可以心态平和地生活，但是男人却会有一种无形的压力，这个压力来自于双方的家庭和自己的小家庭。我说这些没有想给男人找借口开脱的意思，而且很多独生子女的抗压能力也非常孱弱，所以男人普遍的择偶条件都是会考虑女方的家庭条件。非常现实的考虑是首先不会因为婚姻的结合而背上经济包袱，这是绝大多数男人考虑的主要因素。

其次，男人会希望自己的婚姻不会降低自己现有的生活水平，这和共同爱好无关，比如单身时自己可以经常吃大餐，婚后就只能吃路边摊；再比如婚前身上穿的都是品牌服饰，婚后全变成在某宝或者批发市场扫货。也许女人会说“我这是会过日子，是持家有道，是懂得省钱”，但是你别忘了，人类有一个共同的特点，就是一直过苦日子的人不会觉得有什么委屈，但是一个生活很好的人突然让他节衣缩食或者降低生活水平，暂时性的是可以忍受的，时间长了就会产生怨气，产生一种这日子过得自己很受委屈的感觉。这种怨气可以轻易摧毁爱情，所以很多特别会过日子的女人被男人抛弃后总是委屈地觉得自己这么贤惠地操持家务，怎么还会被男人背叛！原因就是你的节俭也许在他眼里就是他的委屈。

其实广大的男性同胞还有一个特别不好意思说出口，但是人人向往的理想，就是找个娘家特别富有的富家女当老婆。倒不是为了吃软饭当小白脸，就是希望能少奋斗几年，这是特别现实的问题。男人在事业上的成功才是让他身心愉悦和满足的根本。即便是胸无大志的男人，如果真能拥有一份成功的事业，也会脱胎换骨变一个人。

我很愿意相信女人会在金钱面前选择爱情，但我确实没把握男人会选择爱情而放弃金钱……别以为我是以小人之心度君子之腹，动摇与否只与金钱的多少有关，跟爱情没有半毛钱关系。那些狗血的爱情故事都是编剧编出来的，现实中的爱情，还是少制造考验为好，不然你会很失望的。

屌丝总是抱怨女人现实，那是因为自身条件差到没资格提条件。男人一旦自身条件优越了比女人更现实。

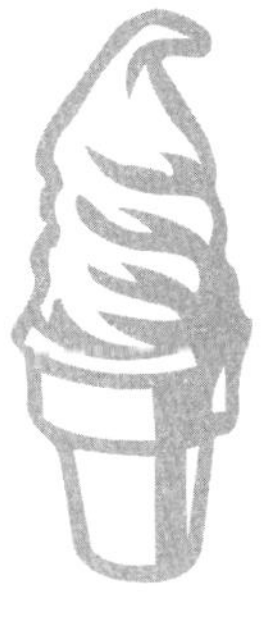

不结婚到底是对父母残忍还是对自己残忍

最近微博和朋友圈流传着某品牌化妆品的一个关于剩女题材的广告视频。内容大意是父母逼婚，剩女哭诉自己独身如何不容易，然后集体跑到相亲角贴个艺术照写上独身宣言，然后父母居然就神奇地理解万岁了！我想说的是，剩女和不婚主义并不是一个概念，不能这么赤裸裸地偷换概念，而独身主义也不是嫁不出去的被迫选择。而且视频中的女性也并不能代表优秀独立的女性，正相反，她们给人传达出了一种剩女的恐慌、无助与绝望，表达了一种没有嫁人的惊慌和软弱。而最后在相亲角贴上一张艺术照就作为独身宣言，并且就能奇迹般地改变父母的逼婚意志更是个笑话。这种狗血的鸡汤体广告之所以能流传，究其原因还是迎合了怨女和男权的价值观。

整部视频虽然在说剩女被逼婚的话题，却并没有积极地表达女性的独立自主和乐观向上，相反，最后的独身宣言更让人觉得是被逼无奈的认命，看不出任何的自信与快乐，只有被命运戏弄和天妒红颜的怨念。真搞不懂，难道这就是化妆品广告的未来趋势？真把自己定义成救命稻草了！虽然我不是女权主义者，但是这鸡汤广告把独身剩女拍得这么惨到底是想说明个啥？！我见犹怜？同情剩女？可她们明明不需要同情，只需要尊重好吗！

不结婚到底是对父母残忍还是对自己残忍？本来是自己的婚姻，却因为没找到那个让自己心动的人而需要道歉，当视频里这个姑娘对着镜头哭着说对不起的时候，有多少依然单身的人的心里在流眼泪——难道是我们自己不渴望有个家吗？

嫁给（娶到）那个爱的人，婚姻等于温暖的家；如果只是凑合过日子，那婚姻就是地狱。

某著名的相亲节目里有一个男嘉宾撑了一把伞拿着一把香蕉上台，他的爱情宣言是："你要的是苹果，如果我觉得你更需要梨，我会给你梨。"可能很多人觉得这个男嘉宾是典型的直男癌，其实不是，他更多代表的是每一个被催婚者的父母、亲戚朋友和狂热的追求者。很多女孩都有过这样的经历，遇到一个大家都觉得条件不错的，但是女孩完全没感觉，或者礼貌地拒绝，或者不冷不热地给对方软钉子。

身边所有人都非常费解地问："这么好条件的男人你都看不上？！你到底想要找个什么样的？！"

如果你回答你就想找个有感觉的，或者是你自己爱的，身边人又会说："不相处怎么知道没感觉？！不试试怎么知道爱不爱？！"

你用不合眼缘来回复，别人会觉得你条件高不可攀，然后一脸真诚地说：我是为你着想，你应该把择偶条件降一降，要不然一定会变成剩女，到时候你哭都来不及。

也许，我只是说也许，剩女偶尔会因为觉得孤独而伤感，但一场失败的婚姻所带来的伤害程度远大于孤独的伤感，那些劝你的人也许在你婚姻失败的时候会带着一副同情脸来安慰你几句，但是谁也不能替代你去面对那场失败的婚姻。

在我刚参加工作的时候，我的一个男同事苦苦地追求一个别的部门的女同事，二十四孝恐怕都没这个男人做得到位。一次一起吃饭的时候，这个男同事喝了点酒在饭桌上发牢骚："她到底想要什么样儿的男人啊？！我对她比对我亲妈还好！她还想怎么样？！"

我反问他："那你觉得她需要你吗？"

那个男同事说："我敢肯定！她如果错过我，再也不会遇到像我这么一心一意对她的男人了！女人就是不知足，遇见对自己好的，就装蒜；遇见不拿自己当回事的，就上赶着追，犯贱！"

我乐了："那你呢？你也遇到不拿你当回事的了，所以你也上赶着犯贱了呗？！"

男同事听完我说的没词了，要急眼。我很认真地说："她需要苹果，你给了她一屋子的草莓，她天生草莓过敏，吃了会死，可是你倾其所有给她准备了一屋子草莓，然后说：'你要是不吃，你一辈子都不会再遇见像我这样把最爱的草莓全送给你的人了！你要知足，你懂吗？'她吃了草莓就会过敏而死，不吃就会辜负你的爱，那你说她该去死吗？"

同事说我偷换概念，这是对她好，嫁给他就是一辈子享福，一辈子当女王。

“万一她讨厌当女王呢？万一她就想小鸟依人呢？”

现在，我参加工作 18 年。那个男同事如今除了本职工作，和自己的老婆开了个周末私厨。夫妻俩都是爱生活的好厨子，有一个如花似玉的闺女。每到周末，这个同事在朋友圈里就变成一个炫妻、炫女、炫菜狂魔。有一次单位开年会，他喝多了，勾着我脖子说：“你知道吗，我得感谢当初那谁没接受我，要不我根本不可能过上现在这么舒服的日子！”

我回了句：“她肯定也感谢你的不杀之恩。”我们两人相视一笑。

那个女同事很显然也找到了她想要的苹果，并不是像这个男同事说的她就是要求太高，必须高富帅。女孩找的就是个普通的自己创业的年轻人，前几年最难的时候，听说女孩为了给老公节约开支，周末开车满北京帮她老公送货。那段时间，当初没追到女孩的男同事还说了“没跟我受苦了吧”“自找苦吃”之类的酸闲话。可以理解，毕竟没得到，总有那么一丝酸酸的怨气需要发泄。

不过现在她老公的公司走上正轨了，孩子也四五岁了。下班的时候，她老公偶尔还来单位门口接她。我看到过几次，男的总是站在车前往单位里看，看到女同事出来就一脸笑容地挥挥手，女同事也是带着笑容小跑出单位上车。至于是不是装幸福秀甜蜜这个问题……其实女人幸不幸福，从笑容看得出来真假，骗不了人的。

中国讲人情，轻隐私，很多家长和朋友的关心都是触及别人隐私和私人空间的，也是因为从小的生长环境，我们并不觉得这是对自己的侵犯，很多时候我们都觉得只有为自己好的人才会这么热情和执着地关心自己的事，并且会心存感激。但是，什么都可以被关心，只有爱情和婚姻需要听从自己的意愿，别人并不是自己，包括父母在内，很多父母都并不了解自己的孩子到底需要什么，中国家长更多的是觉得冻不着、饿不着就是孩子所需要的爱和关心。“我关心你，你应该听从我的建议，这样才是对我爱的回报，也就是孝顺”。孝道这件事如果跟婚姻扯上关系，那就是用自残的方式报恩。

很多家长都觉得他们是过来人，他们更了解婚姻里需要什么。可是，他们根本就不知道自己的女儿的感情经历，或者儿子谈过几个女朋友。这种了解更像是对于私人财产的了解，也许一件物品从小到大并不会改变，但是人所要面对的事太多了，任何一件事的连锁反应都会影响这个人的判断以及性格和未来的路。

到底是为了幸福而结婚还是为了对父母尽“孝”而结婚？！到底有多少人的幸福是被爱我们的父母埋葬的？！有多少人的幸福是被爱自己的人埋葬的？！

幸福到底存在于别人眼里，还是自己心里？我身边很多人都离婚了，大部分都是因为适合结婚，但是婚后发现并不合适。因为适合结婚的也都是他们身边的人觉得适合结婚。

鞋合不合脚只有自己知道！鞋合不合脚真的只有自己才知道！鞋不合脚真的自己疼到一步都走不了，别人赞美你的鞋都美上天了，你每走一步都钻心地疼，你换不换鞋？！这就是婚姻最真实的写照，没有任何例外！

婚姻不是用来尽孝的，婚姻也不是用来报恩的，婚姻更不是为了给身边关心你的人一个交代的。婚姻是你需要一分一秒度过的，你是愿意度秒如年，还是愿意躺在摇椅里慢慢聊？

希望能对犹豫的你有些帮助，希望你能找到属于自己的幸福。加油！

从《亲爱的翻译官》说说被父母扼杀的爱情

芒果台正热播的大幂幂神剧《亲爱的翻译官》已经让我无力吐槽，像女主角这么悲惨困顿的女翻译官，是如何每天穿各种美美的高档职业套装和10寸高跟鞋上班出镜的，以及没钱给妈治病，却可以说飞瑞士就飞瑞士的神逻辑。不过有一点倒是特别合理，那就是翻译官的霸道妈妈粗暴扼杀亲儿子爱情的桥段。这样的桥段一定都是亲妈干的，后妈才下不去这个手呢，亲生的爹妈才觉得我是这个生命的恩人，是她（他）命运的主宰，是肩负着把她（他）领上人生幸福康庄大道的指路明灯。

说到父母干涉子女婚姻，在中国似乎是个通病，这就跟二十四孝里说的一样，婚姻在中国有一种尽孝的意义，这本身就是狗血淋头的一种思维逻辑。什么父母之命，媒妁之言;什么不孝有三，无后为大，等等。特别奇怪的伦理哏压在所有适婚年龄的青年男女头上，想要摆脱这些奇怪的枷锁要么和父母断绝关系，要么就以死谢罪，几乎别无他法。我就奇了怪了，一个必须为自己的行为负法律责任的人，却要在婚姻选择权这个最原始的问题上听父母的安排，他们觉得你适合谁你就得和谁结婚。

我写了16年的情感文章，16年是什么概念？对于人生来讲，也就是刚成年，但对于感情来讲，已经可以看到任何一段感情的因果循环了。我想给所有人讲讲我见证过的那些被父母干涉和绞杀的感情最终是怎样收场的。这会是一个系列故事，这里是其中一个。

2005年的时候，我刚开始从情感专栏转到博客写网文，那时候我博客的粉丝不是很多，所以经常互动的也就那么几十个，几乎都认识。有一个女孩那会儿刚参加工作，家里是银行系统的，她也顺理成章接班进了银行系统工作。姑娘有一个大学时就谈的男朋友，两个人是同一座城市的，男孩没有留京的难题要解决，似乎两个人可以顺理成章地在一起了。

男孩家里做进出口贸易公司，虽然不算起步状态，但也是属于中小规模创业阶段。女孩家觉得男孩家私人企业，不稳定，所以要求男孩也得靠自己本事考进银行系统，才允许两个人继续交往。男孩家里也觉得女孩家考虑的没有错，既然两个孩子感情很好，男方家也就找各种关系，应聘考试。折腾了大半年，男孩最后终于考进了银行，不过不是坐办公室，只是当了一个银行柜员，不像女孩直接进了分行做行政管理工作。

两人虽然都是在银行系统，但是工作职位差距很大。本来之前两人不在一个单位，男孩家做生意，在心理上并没有觉得和女孩有差异，但是在银行系统这样职务等级森严的地方，就明显拉开了差距，而且最重要的是，男孩不是银行子弟，转正的难度特别大。几乎不太可能转正，也就更甭提升职机会了。于是，女孩的爸爸就一眼把男孩的前途看到了死。说女孩如果嫁给男孩，将来一定没前途，苦日子在后面呢。而且当着男孩的面特别直白地挖苦男孩没能耐。

每次出现这样的状况，女孩都跟男孩道歉，说让他理解父母是为了激励他的激将法，而且女孩真心想和男孩在一起，家里再怎么反对，女孩也一直不和男孩分手。男孩也因为女孩的坚持，一直努力工作，努力讨好女方家长。

女孩的爸爸看这么阻止不起作用，于是就想了个损招。男孩家比较特殊，父母都是单传，也就是姥姥家只有一个闺女，就是男孩的妈妈，奶奶家单传一个儿子就是男孩的爸爸。爷爷奶奶给三代单传的孙子准备了一套三居室的房产，但因为是老房，所以房产的名字是爷爷奶奶的。女孩的爸爸提的要求就是如果要继续交往，就必须把房子过户到男孩和女孩俩人名下，这是可以交往的前提，结婚条件另算。

这下男孩犯难了，本身三代单传，房子早晚都是男孩的，不光爷爷、奶奶的，姥姥、姥爷的也都是留给这唯一的大孙子的，可是老人健在就让把房产过户给孙子，老人总是在情感上不容易接受，而且还要在领结婚证之前就要写上女孩的名字……虽然爷爷、奶奶这个房子就是给孙子结婚用的，可是对于女方的强势，爷爷、奶奶作为长辈，根本接受不了。

男孩还是硬着头皮回家和家里商量，结果男孩的爸爸急了，觉得这是女方家长的故意刁难，家里吵得不可开交，男孩私自找爷爷说房产过户的事儿，老人一下心脏病发住院了，奶奶就跟男孩说了一句话：

“你跟女孩爸爸说，你是三代单传，我们死了财产都是你的，给不了别人，让他别这么着急。”

女孩的爸爸说这是两个人在一起最起码的条件,做不到一切免谈，然后就开始监管女孩的行动。两个人在双方家里拧巴的对峙中坚持了一年多，每次见面都跟做贼一样，然后见了面再也没有甜蜜了，有的只是对未来的发愁，女孩总说：“我妈说，没有父母祝福的婚姻是不可能幸福的。”男孩也总是在想不出对策的情况下和女孩争吵。最后，男孩决定从银行辞职，因为本身就是为了女孩才考进银行，这并不是他喜欢的工作。

男孩回到家里的进出口贸易公司工作，公司和美国公司有长期合作项目，家里直接把男孩外派到了美国。两个人就这么黑不提白不提的分开了。其实也不算分手，女孩和男孩在网上还有联系，只是经常聊着聊着就聊不下去了，因为他俩都心知肚明无法解决家里的阻力。虽然不能在一起，但是两个人也都没找新人，就一直这么熬着。

俩人就这么耗了三四年，中间男孩从美国回来，俩人有家难回，总是偷偷在外面见面，两人每天就这么煎熬着，每次分开姑娘都得抱着男孩哭一会儿再回家。最后一次，男孩回国和女孩提出正式分手，按照当时姑娘对我说的感觉就是，俩人都想给对方一条生路，这么相爱简直太痛苦、太折磨了。

分手后，女孩一直不找男朋友。她家里人开始着急，怕姑娘老大不小了嫁不出去，家里开始频繁地给姑娘张罗相亲。套路，一切都是套路，见面，自我介绍，胡扯，脑子空白，然后再见，不管对方想不想继续，姑娘都拒绝。姑娘她爸开始给姑娘施加压力，说："老不嫁人是不是惦记在家让父母养老闺女啊？！街坊四邻都议论咱们家姑娘是不是有毛病嫁不出去，一辈子没丢过这样的人。"

女孩在最后一次相亲的时候决定把自己嫁出去，不管这个人是谁。当时和我说她的决定的时候，我说："你别犯傻行吗？婚姻大事不是儿戏，别拿这种事儿跟家里较劲！就算你要结婚也得找个有感觉的、喜欢的，要不肯定会离婚！"

女孩就甩给我一句话："我怎么可能跟家里较得过劲？！呵呵……无所谓了。"

最后一次相亲，男方比女孩大 7 岁，离异无子女，家里没有单独住房，和父母挤在一套 80 平方米的经济适用房里，唯一的优点就是房子算是学区房。男的见面就说家里着急，所以相亲就是想赶快结婚给家里一个交代。女孩本打算找这么一个条件差的恶心一下自己老爹。结果出乎意料的是，女孩她爸完全不挑这个男人的个人条件，感觉就好像不管怎么样，女孩能嫁出去就阿弥陀佛了一样。

闪婚，不到三个月就结婚了。结婚前我劝她不要儿戏，别赌气结婚，让她对自己负责任，女孩苦笑着跟我说："我只需要对我爸我妈负责任。"

婚后女孩几乎没有再联系过我，这中间我也各种纷纷扰扰，后来开通了微博，女孩关注我，给我私信，我才去翻了翻她的微博，微博里在努力晒甜蜜，去巴厘岛玩，去泰国玩，去海南玩，去各种地方玩，然后怀孕生子晒孩子。这一切让我看着确实挺幸福的。但是她很少跟我说话，我也就没再问她什么。

前些日子，姑娘加我微信，说想跟我聊聊她的事儿，上来就告诉我，她离婚了。折腾了一年，终于离婚了。

我问她因为什么？

她说：“再不离婚我就要疯了，本身前夫也不爱我，和我结婚就是家里逼得紧，想赶紧找个女人结婚生孩子，所以生了孩子以后对我不闻不问。而且前夫是个妈宝男，他妈说什么都言听计从，前夫的第一次婚姻对象就是受不了他妈才离婚的。”

我问：“你能说具体点儿吗？妈宝？怎么个妈宝？因为现在女孩都跟婆婆过不到一起，有点儿矛盾老公不向着自己就成妈宝男了。我不好判断。”

她说：“他妈能盯着我给她儿子洗内裤，不是住一起吗？她儿子去上班，我要是休息绝对不能睡懒觉，一定把我叫起来收拾屋子。这几年下来，我就一个感觉，她儿子是人，我不是人。而且我前夫什么都要问他妈。而且他家人全是负能量，公公天天抱怨，婆婆也是天天觉得日子难过。后来我前夫得了鼻咽癌，一家子钱全花治病上了，我还从娘家拿了十几万给前夫治病。他妈就觉得这一切都是应该的，连一句谢谢都没有。”

听到这儿我问：“你前夫都得癌了，你离婚能行吗？这不太好吧？！”

“有什么不好的？！”她说：“我是在他治好病以后才提出离婚的，而且两年了他也没复发。”

“呃……”我有点儿不知道该说什么，这是我从根儿上就看死了的婚姻，但是我也不能在这个时候说“我早就说过了吧”这种话。我琢磨半天问她：“那离婚你分到了什么？”

“除了儿子，我什么都没要。”她说。

“你是不是傻啊？！”我接话道：“你怎么干什么都是赌气做决定啊？！财产不分，抚养费总得要吧？”

“要啥啊，他还是攒着看病吧，万一复发了还不够我养他呢，不要生活费我也饿不死。”她说。

“女人离婚要么就别要孩子，要孩子不给抚养费就干脆别探视，直接孩子改名随妈姓。”我说。

“孩子奶奶不干，说这是他家的香火，孩子爸万一复发指不定什么时候就死了，这是他家的香火。而且户口在奶奶家，说是学区，以后上学要去奶奶家上。”她说。

“你觉得去奶奶家上学，这孩子还算归你吗？”我问。

“我也知道，要孩子也是觉得孩子要是跟他们家，心理会不健康，而且我爸妈死活舍不得，不要抚养费也是前夫的妈妈拿抚养权要挟我，要孩子就什么都不给，要东西就不给孩子。”她无奈地说：“这孩子我也知道早晚得跟回他奶奶。”

“唉……”我真的不知道说什么好，这姑娘挺可怜的，但是她所有的可怜都是父母造成的，当然也有她和家里赌气的结果。这能怎么办？一个预料得到的结果，不用很长时间，就看到了预料中的结局。

“他也离婚了，他也是闪婚。”她没头没脑地说了这么一句，我一时间没明白说的是什么事儿?

“你说谁？”我问。

“我前男友。不是我前夫。他也离婚了,来找我,我俩现在是朋友。呵呵……”姑娘苦笑着说。

“朋友？他也离婚了，那你俩在一起呗。这回你家里应该不会反对了。你爸估计巴不得有个接盘侠呢。当什么朋友啊！”我说。

“拉倒吧。我估计他接受不了我儿子，尤其还跟我，我儿子已经 4 岁了，认爹。而且我也不想拖累他，他也好像不想再结婚了。他也是闪婚，跟女的结婚一年就闹离婚，闹了三年，才离完，估计他对婚姻也有阴影了吧。”她说。

那天的谈话在她儿子要吃夜宵的哭喊声中结束了。两个本来相爱的人，各自因为家庭的原因，无力反抗，无奈接受命运的安排，做了个孝子贤孙的决定，按照父母的意愿嫁给了父母眼中合适的人，然后呢？日子是要自己过的，父母根本替代不了。我并不是说过不好婚姻要赖家长，可是中国家长对婚姻的左右权利真的太大了，家长对子女的婚姻期望值太高了，他们总是用“这是为了你好”的名头压死所有奋力争取爱情婚姻自由的人。

虽然没有旧社会的武力干涉，可是那种拆散是一种精神折磨，不管什么阶层,他们都用一种过来人的身份告诉你,“你这样得不到幸福，只有按照我的指引，才能得到幸福……”父母嘲讽爱情，认为爱情就是笑话，就是天方夜谭，是不能当饭吃，不能当衣穿的废物……

给我的私信和留言的求助里这样的故事看得太多了，多到让人麻木的地步，那些父母都是以爱的名义亲手毁掉了子女的真爱，然后把他们认为合适的人选带来，两个所谓合适的人凑在一起搭帮过日子，然后展示给众人看：“你们看，我们撮合的姻缘有多么的般配，多么的完美！”

为什么欧美女性在婚后家庭生活中有存在感？为什么中国女性在婚姻中，尤其是在生育子女后就没有什么家庭存在感。因为没有爱，很多人的婚姻就是合适，就是什么嫁给适合自己的人的这种鸡汤文宣扬的婚姻理论！就是家长嘴里的天底下哪有爱情？！过久了都是亲情！

上一代人不是没有爱情，是根本不敢承认爱情。压根儿没有血缘关系的人，我就纳了闷儿了，哪儿处亲情去？！没爱我知道你是谁啊？！

放过自己孩子的婚姻吧，让他们自己选择终身伴侣，现在早就不是父母生活的那个物质匮乏的年代了，没有人是靠婚姻来吃饱肚子的！爱情这种东西，是忍耐和包容缺点的基础，是努力和奋斗的动力，是一切责任的出发点。没爱情，靠一张结婚证来要求忠贞这本身就是个笑话！

放过自己孩子的婚姻，别亲手毁了他们的未来和幸福。那是造孽！

防火防盗防闺蜜

◆ 闺蜜可以聊聊八卦，花痴欧巴，研究臭美，争做吃货。至于感情矛盾，还是情侣间沟通解决吧。

◆ 防火防盗防闺蜜防的并不是女人间的友谊，防的是你说的是你的意思，她说的是她的意思，然后你们各自都认为自己懂了对方的意思，最后就是瞎意思。

◆ 感情这件事，越简单越好，复杂了，变数也就大了。

防火防盗防闺蜜（一）

闺蜜在男人眼里是绝对和男人嘴里的哥们属于两个不同的物种，就跟单细胞草履虫和大象的区别一样。哥们之间一般不谈私人感情，只有两种情况会推心置腹地和哥们儿细说自己的感情生活：一、手头的姑娘是娱乐的艳遇，属于不以结婚为目的交往的对象。这类姑娘一般都是男人嘴里或性感、或妖艳、或者条儿特顺，长得还不错，拿出来显摆自己雄性魅力的一种炫耀资本，这类姑娘男人谈起来多是一起坏笑着聊聊香艳的细节，然后把姑娘叫来跟大家炫耀一下，在哥们儿们艳羡的目光和心领神会的坏笑中得到一种雄性自尊心的极大满足；二、失恋或者是感情出现重大危机的时候。这还分人，有的人会絮叨着给自己解压，有些男人则会憋着。而男人给男人的调节建议多是让哥们看开点儿，别把女人当回事儿，说些“好男儿志在四方，事业有成啥都有”的话，真正推心置腹能出点可行的主意的并不多，一般关系铁的跟你一起喝大的，或者在你喝大之后能把你送回家的都属于发小级别的。

闺蜜，一种男人看来复杂而多变的生物，而且大部分男人都认为女人的友谊是脆弱的、不堪一击的，所以女人的闺蜜普遍认知和男人的铁哥们儿或者是发小不是一类人。有些女人嘴里喊的闺蜜甚至就是一起逛街频率略高或者仅仅是聊天比较投机的。所以男人普遍认为女人的闺蜜是一类特别不靠谱的群体，并且是感情的不稳定因素。

我是个已婚男青年，接触过几次老婆称之为闺蜜的女人，她们有自己一个特别神秘的圈子，有一次老婆拿手机给我看闺蜜家养的猫的照片，于是有幸窥见其中一二。和传闻中一样，闺蜜间的 QQ 群也好，朋友圈也好，还有微博的私信，总之一切秘密联系的方式里大部分都是分享吐槽的平台。没结婚的分享如何摆平男人，或者对自己男友各种吐槽；已婚的就是吐槽老公，秀孩子，吐槽婆婆。从心理学角度上来说，吐槽是一种减压的过程，心理医生按小时收费的大部分治疗方式就是听你倒“垃圾”，特学术地说叫倾听疗法，其实就是当你的牢骚垃圾桶。

闺蜜可不是心理医生，多数闺蜜是同龄者，不管是生活阅历还是个人情商都不一定在你之上，而且闺蜜是一种女性性格人群划分最直接的表达。也就是说，一般你的闺蜜都和你有相同或者近似的人生观和价值观。并且女人有这么一个特点，在遇到自己闺蜜吐槽的时候，为了表现和闺蜜的亲近，会跟你一起吐槽这件事或者这个人。某种程度上讲，闺蜜的作用更像是一个放大镜，能无限放大你吐槽的矛盾，本来是发发牢骚自己也觉得不是多大的事，被闺蜜一说就心理不平衡了；要是有嘴比较欠的闺蜜再现身说法拿自己同样的经历和不同的结果做个对比，那自己很快就会表情僵化，心理天平立刻崩坏。估计回家就是一场恶仗，最次也是内心积怨、找茬儿爆发。也许你会反驳我，说你的闺蜜就和你特别好，给你的建议都是理智的、合理的以及对你有帮助的……

首先，我说的是大部分男人印象中的闺蜜圈，男人眼中的闺蜜圈有点像娱乐圈，今天跟这个好，明天跟那个好；其次，你认为的好确定是好的吗？还是你认为是好的呢？再次，我说的是大多数闺蜜给男人的感觉，也许你幸运地交到了好闺蜜，那必须恭喜你有这样的幸运！

男人其实特别头疼女人跟自己的闺蜜商量情侣间矛盾的解决方法，因为女人之间的吐槽都是一种“打小人”的模式，不管怀着什么心态：可能是因为亲近，所以看到自己的姐妹委屈不满而愤愤不平，跟姐妹一起吐槽来显示关系的亲近；又或者本身对这个男人就看不上，闺蜜过来吐槽，有种“被我说中了吧”的得意，在预言精准的成就感之后信誓旦旦地开启“我早就说过了吧,你不听啊”这样的导师模式。这属于好的闺蜜，阴暗面的还有羡慕嫉妒恨闺蜜的感情比自己的好，或者是“我什么都比她强，她男朋友这么优秀怎么会看上她”的阴暗心理作祟，在姐妹感情出现矛盾的时候，这种心态不平衡的闺蜜表面向着你，实际是一个扩大矛盾的搅屎棍子，要是再认识你男朋友，两头传话，那就更锦上添花了。

突然发现我想举的例子都是已婚女性的……唉！结了婚之后瞬间身边的异性朋友换了一大茬，可能是因为娶的老婆和我同岁的缘故，这个年龄段的姑娘没嫁出去的真是凤毛麟角了。好吧，那我就说一个已婚闺蜜圈的例子。

有个胖胖的北京姑娘，胖到什么程度呢？地秤 260，她就 260。家庭条件非常一般，但由于是独生女，所以家里父母跟宝贝儿一样地疼她。姑娘很务实地找了一个外地农村在北京工作的男人，长相也是一般人，不过个挺高，在北京的一个物业公司当保安队长。男人家里条件一般偏下，所以也没能力在北京买房买车，算是倒插门女婿吧。姑娘家是北京城里的，其实也没有什么老理儿和规矩，但是丈母娘和老丈人都觉得自己的胖姑娘嫁给这个农村小伙子是受了天大的委屈，所以给这男人立了很多规矩，听说到现在那男的在姑娘家都没吃过饱饭，家里来客人这个女婿都不许上桌吃饭，所有家务全包，洗衣服做饭收拾屋子外带给老丈人的一缸热带鱼换水，死一条能饿他一天！有一次她在闺蜜圈里聊起她老公，本来聊起来她自己也觉得她爸妈做得有点过分了，毕竟这是她丈夫，而且自从生了孩子之后父母不许孩子见爷爷奶奶，结果男方父母偷偷跑到北京，在他家楼下，等她俩抱孩子下楼晒太阳的时候远远地看了看，还跟做贼似的。本来这个胖姑娘心存愧疚是件好事，她想通过两个人努力，从家搬出来，在外面租个房子，男人也能舒展一下腰杆。可是她刚在闺蜜圈里说完，她那几个闺蜜就鸡一嘴鸭一嘴地说："你一个城里姑娘嫁给他，他要什么没什么，吃你的住你的，不就受点儿气嘛，你还给他生孩子了呢，你受多大罪啊！甭愧疚，要说愧疚也该他愧疚，连房都没有，有老婆孩子还住老丈人家，有本事买房吧。"胖姑娘立刻心理平衡，再无恻隐之心。

我当时听了这些恨得牙根儿痒痒，这种闺蜜是什么东西？！姑娘，260 斤的一个大胖姑娘，一米六三的个头儿，横着快比竖着高了，有人要就不错了。生了孩子怎么了？！你老公要真被逼急了跟你离婚不要孩子了，你觉得你还能再嫁出去么？！一帮站着说话不腰疼的闺蜜把本来想用自己的关心弥补一下自己老公的胖姑娘给聊的一起吐槽自己老公没本事。人家真闹了离婚，你们给胖姑娘找下家吗？！关键是你们打算给这姐们儿找个什么样儿的下家？！关键的关键是胖姑娘最后还特感谢自己的闺蜜开导自己。这么坑自己的姐们你们的男朋友知道了怎么想？！不过这帮坑爹的闺蜜对自己的感情肯定不像这样信口雌黄。

在男人的心里，其实更希望女人在有不满的时候能直截了当地跟自己说，哪怕是发发脾气，也比和一群女人去商量对策要靠谱。每一个男人都很头疼一个人面对三四个甚至更多的姐妹参谋团，如果让一个心爱的女人满足需要付出百分百的努力，那么让一个心爱的女人加闺蜜智囊团满意这就是要逼出人命的节奏，因为每个闺蜜给出的参谋意见都未必是她爱人能给她的，她给出的建议往往也是她的理想化完美爱人的样子，你用这么不靠谱的要求去要求你男朋友做到，这真心是对你自己感情的不负责任。

闺蜜可以聊聊八卦，花痴欧巴，研究臭美，争做吃货。至于感情矛盾，还是情侣间沟通解决吧。家暴报警，违法举报，其他还是两个人内部消化，别把问题复杂化。

防火防盗防闺蜜（二）

闺蜜这种生物其实一直是让男人又爱又恨的，恨是因为很多时候闺蜜经常扮演一种坏人好事的角色，比如在这个妹子马上就被忽悠到手的节骨眼儿上，闺蜜一席话经常让当事的姑娘幡然醒悟，貌似擦亮眼睛一样地听从闺蜜的馊主意，给男人设置难题和所谓的考验。男人追女人的常规心态不是执着，而是有枣没枣打三竿子。女人听到此处可能会纠结这种没有诚意的恋爱方式，其实不然，这是最本性的动物法则，如果男人都是死心眼儿跟一个姑娘死磕到底，那物种的繁衍估计都困难，人类早就灭绝了。

一段美好的感情并不是靠设置多少障碍，让男人翻山越岭般地追求才算是完美。首先男人对异性的追求存在差异性的耐心，我可以负责任地告诉你，有死心眼儿的，但绝对是少数异类的执着型备胎人格，大多数男人都是知难而退另谋出路的款。姑娘最常犯的错误就是对一个非常满意的男人执着地设置难度和考验，就想验证这男人有多爱自己……大姐，一见真情真的是一件可遇不可求的事儿，你跟他素昧平生，茫茫人海里他跟你有了感觉向你示好，你要因为这个觉得我得拿拿搪，一般来讲这种矫情开始会让男人感觉有兴趣，但是如果拿过了劲儿就会破坏男人对你的好感，轻则偃旗息鼓，重的也许会觉得这姑娘真拿自己当棵葱而将你直接列入黑名单。

真累！女孩的心思男人你别猜，你猜来猜去也猜不明白。同样，男人的心思也复杂着呢，你要真以为男人遇见姑娘就靠下半身的荷尔蒙想问题，那你吃亏的时候在后面呢！男女有别，但男人和女人都是人，所以都具有人类的思维。懂吗？！

关于闺蜜出馊主意让你错失良缘的话先放在一边，我得跟你好好说说闺蜜变小三儿的问题。闺蜜估计在男人堆里应该是知己这种角色，但对于男人来说，能称得上是知己真的是门槛挺高的，也许需要用过命的交情才能印证一个知己。相反，女人的闺蜜门槛就太低了，同宿舍的好姐妹，一起逛街喝下午茶的姐妹淘以及喝点小酒聊点隐私八卦发现共同语言特别多、特别对脾气立刻就觉得相见恨晚的都能被叫作闺蜜。女人的闺蜜最大的特点就是能成为闺蜜的女人大多数都是同一类人，或者是兴趣爱好相似，或者是性格外貌差不多，又或者是脾气相投。总之，闺蜜就是典型的物以类聚，人以群分。

同一类女人凑在一起，爱好相似审美相近，一般来讲，择偶条件也都八九不离十，你看着喜欢的男人闺蜜百分之六七十应该也都不会反感，所以男友越早被你拉进闺蜜圈子认识，越增加被闺蜜挖墙脚的可能性。真别觉得我脏心，太多男人偷着乐地栽进闺蜜的怀里去了。更何况还有男人曲线救国，本来目标是你闺蜜，结果发现有难度，就先从你下手争取和你的闺蜜拉近距离。很多男人都会在女人闺蜜面前像打了鸡血一样地表现，别以为那是男人要给你撑面子，呵呵……这种殷勤是最典型的吸引异性关注。

说完了闺蜜和你的审美相似，咱们再说说男人。一般男人喜欢女人是分类的，大多数男人择偶时都会喜欢某一类女人，不管换过多少个女友，可能从模样到性格都是一个路子的。女人的闺蜜圈子恰巧就是一类女人的集散地，本来男人可能需要在茫茫人海里搜寻自己喜好的那一类女子，结果认识你了，你给介绍了一堆他喜欢的和你同类型的姑娘，这就跟把一只猫突然扔进了海鲜市场没什么区别，你觉得猫会怎么样？那必须得是多吃多占，能多咬一条是一条。除非你是那种特别有心计的女人，交往的所有闺蜜都比你丑，你交往的闺蜜都是你有意安排来衬托你的美丽大方、贤良淑德。那我告诉你也有例外！要知道从雄性占有异性交配权的角度上去思考的话，以质量和数量做选择的话，质量是可以忽略不计的，占有异性的数量才是关键，更何况还有审美疲劳等因素。有机会换换口味，谁管她是不是太咸还是太酸，先尝尝鲜才是真的。

我说这些并不是想去黑闺蜜这个群体，只是女人本身对闺蜜的门槛设置得确实很低，所以闺蜜其实是小三儿、劈腿的高发人群，如果姑娘真的遇到好的缘分，真心别让闺蜜参谋把关，说不定你就会落个爱情友情同时失去的悲剧主角。

防火防盗防闺蜜之羡慕嫉妒恨

这是我听来的故事，在我听到这个故事的时候，故事的女主角正在闹离婚，而这段即将结束的婚姻只是因为闺蜜在微信群里的一句话。

事情是这样的。据给我讲故事的人说，她这个姐们长得不错，身材也不错，属于走在人群里挺显眼的那种姑娘，但是这个姑娘对于爱情的执着特别坚定，一直跟周围的朋友说自己一定要嫁给自己爱的人，绝对不找那种没有感觉的有钱男人随便嫁了。一开始，很多人都追求她，但是姑娘都没看上；亲戚朋友也给介绍，试着接触了几个号称条件非常好的优秀男人，也都以没感觉为理由拒绝了。

把姑娘和自己的老公偶遇的桥段拿出来说，绝对是韩剧里的段子。俩人那天都在一个死贵死贵的自助餐厅吃饭，一个去取饮料回座位，一个从座位起身去洗手间，结果饮料洒了一身。然后俩人就一见钟情了，大概交往了半年就结婚了，她的丈夫按她的话说是抽奖抽到的青年才俊，上市公司董秘，书香门第的家庭，公公婆婆都是老北大的知识分子，这个男人长得帅，而且身材还特别好，不是那种长期坐办公室的臃肿的胖子。虽然比姑娘大 8 岁，但是两个人站在一起没有一点违和感，一点也不像猥琐大叔吃嫩草。结婚的当天，姑娘的微信朋友圈里刷爆了婚礼现场，清一色都是“宝宝美哭了”“要幸福”之类的祝福。姑娘的闺蜜团坐在一桌，姑娘走过来敬酒的时候，玩儿得很热闹，等姑娘和老公去别的桌敬酒的时候，这桌闺蜜就议论开了。

你们一定奇怪，我为什么会知道，因为跟我讲故事的就是这姑娘的闺蜜之一。就在她一脸幸福地体会着好闺蜜的幸福，以为所有好闺蜜都跟她一样的时候，同桌的姑娘开始鸡一嘴鸭一嘴地聊开了。

“她好幸福啊！”

“就是，就是，命真好！”

“我怎么就碰不到这样的男人呢？”

“你说她是用的什么办法遇到的？”

“听说她去年去什么寺拜过。”

“啊？你听谁说的？可靠吗？问问是什么寺庙？咱们也去拜拜。”

“对啊！干得好不如嫁得好。”

“未必嫁得好，这么优秀，保不准花心呢。”

“嗨，管他花不花呢，管好男人的钱就好了。”

“你们说什么呢？”跟我讲故事的姑娘越听越不对劲儿，出言制止了同桌姑娘的议论。

姑娘的蜜月去了美国，玩了一个半月才回国，闺蜜的微信群里全是让帮忙代购和羡慕的话，姑娘回来没有让闺蜜失望，每个好闺蜜都有礼物收，而且帮忙代购了很多东西。回国之后紧接着姑娘就发现自己在度蜜月的时候怀孕了，于是婆家找了最好的妇产科医生照看，在当地最好的妇幼保健医院做 VIP 产检。怀孕之后，姑娘几乎成了全家的重点保护对象。姑娘跟和我讲故事的这个姐们说，自己感觉就跟泡在蜜罐里一样，天天老公围着转，公公婆婆看着她就笑得合不拢嘴。是啊，听着就能感觉到满满的幸福。

有一天，她老公必须去公司下属的分公司处理事情，出差三天，正赶上姑娘要去做定期产检。因为本身都很正常，所以姑娘就懂事地让自己老公去出差忙工作，产检当天是由婆婆陪着姑娘去的。

产检一切顺利。快结束的时候，婆婆要去个洗手间，所以让姑娘做完检查先在检查室等一等。就在这个时候，医生跟姑娘说："你生产前，让你老公在医院献个血，这样产妇生产需要用血的时候就方便了。"正说着，婆婆回到了产检室，姑娘赶紧跟婆婆说了医生刚才说的话，让老公回来赶紧来医院献血。婆婆立刻说："不用，他工作那么忙。再说了，家里都献过血，有献血证；就算没有，只要需要，咱们高价血也一样用，人最重要。"

姑娘听完看看医生，医生低头写病历，没搭理她，于是两个人收拾东西回了家。

晚上，姑娘把事情在闺蜜群里一说，闺蜜群就炸开锅了。

"什么叫不用啊！"
"你婆婆什么人啊！自己儿子忙就不管儿媳妇的命啦！"
"就是！这简直就是不顾你死活。"
"工作忙，那你生孩子出危险也不管吗？"
"你们别挑事儿了好不，她婆婆都说了，有献血证，可以买平价血。"
"有献血证就不献血？能不能用平价血是一回事，愿不愿意为媳妇献血是另一回事。要的不是血，是一个态度！孩子都给他们家生了，献点儿血都不乐意！”

“就是！她家儿子是人，儿媳妇就不是人吗？！”

“你们差不多得了，她婆婆说了，就算没有平价血，高价血也用。还要怎么样？！”讲故事的姑娘一直在试图阻止闺蜜群里的挑事儿。

“献个血就可以用平价血，非用高价血，有钱了不起啊？有钱买不来对你的那份心！咱们女人要的不是舍不舍得花钱，要的是对咱们的真心，是不是关键时刻把咱们当回事儿。”

“是啊是啊，开始觉得你挺幸福的，现在看来，你家那位真不把你当回事儿。”

“男方的父母根本就不把咱们当人，他们在乎儿媳妇都是假的，实际上就是在乎肚子里的孩子。我婆婆在我怀孕和哺乳的时候天天给我做饭，等我一上班就不管我回家去了。”

“对对对！在他们眼里，儿媳妇就是传宗接代的机器，根本就不把咱们当人看！”

一晚上，整整一晚上，整个闺蜜群里就一直在说这个事情，接下来的三天里，闺蜜群里说的还是这个事情。然后给我讲故事的那个女孩说自己实在看不下去了，但是也没办法堵住其他闺蜜的嘴，所以就单独跟怀孕的闺蜜私聊，想劝劝她别往心里去，但是很显然，其他闺蜜也在私聊，所以这个怀孕的姑娘并没有怎么搭理她。

姑娘从老公回来就一直吵着让自己老公去献血，老公拿出家里的三个献血证说咱们用血没有任何问题，不用献，医生说的那是提醒家里没有献血证、用血有问题的家属需要做的准备，咱们不用担心这个，好好安胎。公公婆婆也一起劝姑娘，但是姑娘认死理儿就认为是老公一家不顾她死活，然后天天哭闹着说自己嫁错了人、看错了人。老公被吵得没办法，就去医院献血，谁知正赶上那阵子因为工作应酬多，天天陪客户喝酒、熬夜，所以血不合格。男人以为这样老婆就能死心了，结果姑娘就觉得丈夫是故意的，故意把血弄得不合格敷衍自己。

据说两个人一直吵架吵到生孩子，生完孩子姑娘在医院痛哭了一场，闹得整个产房都觉得是丈夫和婆家对不起姑娘，让姑娘受了天大的委屈。婆婆是个知识分子，提醒自己儿子注意姑娘的情绪，看看是不是得产后抑郁症了，丈夫请了专家来病房给姑娘做心理测试和辅导，然而并没有什么用。不过倒是让人安心了，不是产后抑郁。

姑娘每天把自己的委屈在闺蜜群里倾诉，然后一群闺蜜就出各种主意，还有的说这是奠定家庭地位的关键时刻，一定不能半途而废。姑娘深信闺蜜们是为了她的幸福出谋划策，结果自然就是开头所说的那样，离婚收场了。

“你看，我说过，有钱人靠不住，用钱搞点浪漫，过日子就会发现根本不把你放在心里。”这是闺蜜群给姑娘的离婚最后做出的总结，这大概就是“补刀”。

女人之间的赞美到底有多少是真心的？有多少祝福是发自内心的？闺蜜这个群体很微妙，也许在无关痛痒的时候，就是一个玩伴，或者是八卦消息来源，但在婚姻和感情生活中，闺蜜群更像是一个暗流涌动的攀比群，都希望自己是闺蜜群里嫁得最好的那个，最幸福的那个，最让人羡慕的那个。然而，这也伴随着嫉妒，甚至是恨。我并没有诋毁女人之间的友谊，但我能更客观地看女人友谊中的嫉妒心。

我身边这样的例子太多了：本来不是事儿，闺蜜三言两语就给挑成了天大的事儿；本来夫妻和谐，能挑拨离婚；本来婆媳关系还不错，最后能挑得水火不容。

我愿意相信有些挑拨不是故意的，只是因为她确实有这样的遭遇，所以套用到闺蜜身上也觉得闺蜜和她是同病相怜，找同理心。怕就怕这样的：看着可信度特别高，特别为你好，甚至还因为说得跟同病相怜一样抱着你哭一场。这比直接挑事儿的闺蜜可怕得多。这种闺蜜因为自己的不幸，所以就特别着急想找身边有相同遭遇同病相怜的闺蜜，即使你不是，她也能说成一码事儿。

还有那些觉得你过得幸福而酸溜溜的闺蜜，她们也许是那些祝福你，甚至为你幸福了而掉眼泪的好姐妹，但是她们也是真的会从心里羡慕嫉妒恨。这种心理在你风平浪静的时候，她们并不会怎么样，但是当你有了猜测或者心里有不舒服的时候，她们所起的作用一定是扩大矛盾、激化矛盾的角色。这也可能不是故意的，只是在你站在悬崖边失去平衡的时候下意识地推了你一把，而不是拉你一把。说白了，矛盾是你自己心里就有的，她们从来没有挑事儿，只是她们会选择劝分不劝和，并且是以“掏心窝子为姐妹的幸福好”这样的姿态。

当你离婚的时候，当你把原本幸福的夫妻关系闹得无法持续的时候，当你离婚一个人当了单亲妈妈的时候，你的闺蜜除了同情你之外，还会在心里有一种优越感：“嫁得好怎么样，最后还不是离婚了，现在过得比我差不知十万八千里。”

但这些你永远都不会知道，你只觉得听闺蜜的话就对了，早先是自己瞎了眼嫁错了人。

夫妻和情侣之间的矛盾，只要外人一掺和，尤其是朋友，多半是越掺和越乱。还不如两个人坐下来好好沟通，能过就过，不能过就好合好散。我并不是妄自揣度女人之间的友谊，只是说，女人在面对感情问题的时候，通常给出的建议和意见都是感性的，并不客观有效，甚至还带有成见和偏激的成分。即便是真心为了你好，也容易好心办坏事。

还是那句话，谁都没有夫妻双方当事人更清楚。两个人坐下来，把误会都摆出来，真的比找一堆外人传话瞎出主意强得多。我记得电视节目里经常做一个考验嘉宾表演和默契的游戏：五位嘉宾在独立的空间里，第一个人看到一句话，用动作表演给第二个人看，第二个人再表演给第三个人看，以此类推，到最后一个人的时候，让他猜最初的那句话是什么。很多话都是传到第二个人的时候就已经面目全非了！

防火防盗防闺蜜防的并不是女人间的友谊，防的是你说的是你的意思，她说的是她的意思，然后你们各自都认为自己懂了对方的意思，最后就是瞎意思。**感情这件事，越简单越好，复杂了，变数也就大了。**

photo by Nura笑笑

婚姻那些事儿

- 婚姻生活要糊涂着过才开心，感情生活要细致地经营才幸福。
- 顺从，得不到尊重；手腕，换不来爱情。
- 自立才能有自尊。
- 任何让对方感到疲累的感情都不是好的感情。
- 能放松做自己的感情是男人最渴望得到的。
- 说白了男人就是个孩子，你骗他说他是你的英雄，他就真的会努力做你的英雄。
- 希望所有人都听从自己的心去决定婚姻，体会只属于自己的幸福。

婆婆撑死了是干妈

秋天，一个离婚的季节，收获的到底是孤独还是自由？最近身边离婚的和正在离婚的人很多，离婚的理由千差万别，真应了那句老话“幸福都是一样的，不幸才是千差万别的”，还有那句“家家有本难念的经”。有些早有端倪，有些则是突然暴毙。不管怎样，都应该放下一切继续前行。

别说什么彼此珍重，离婚这种事没撕破脸就已经是万幸了，千万别虚情假意地互道珍重，因为：一、没必要，在乎就不会离婚了；二、别临了儿给自己添恶心，违心地道了珍重，然后胸口闷一口老血，别拿自己的身心健康去赌那一秒钟谁也不舒服的大气。

开了一个沉重的话题，是因为我认识的一个女性朋友婚后被婆婆严重干涉婚姻生活导致最终离婚。然后，我发现女性普遍存在一个误区，认为自己把婆婆当亲妈，婆婆就真的会成为亲妈，然后自己就真能从儿媳妇变成亲生的闺女。我是一个男人，我得劝姑娘们一句：死了那天真烂漫的贼心吧！婆婆，这种奇妙的生物，最理想的关系形态是干妈对干女儿般的相敬如宾。下面我来说说为什么。

每个当闺女的都有跟自己亲妈打架顶嘴的经历。当然，特别传统如孝道二十四孝见爹妈就下跪磕头的我服你，别跟我抬杠，谢谢。我说的是普遍现象。妈叨唠闺女,闺女听烦了噎老妈两句的经历谁都有。亲妈不会跟你记仇，不会介意，即便当时互相吵嘴，过后该疼你一样疼你，绝对没有隔夜仇。婆婆就不一样了，婆婆这种生物就像干妈一样，虽然也是口头上叫妈，但她跟你一点血缘关系都没有，而且也不能处成干爹那样羞羞的关系。所以你对她好，她可能会对你好，也可能觉得这是应该的。这主要看她当儿媳妇的时候有没有阴影以及受没受过刺激。假设心理健康，也不恋子，那么，OK，恭喜你多了个干妈，她也会回报你春天般的温暖。但你一定别“蹬鼻子上脸”真的认为这个妈是亲的！她不是！她不是！她真的不是你亲妈！重要的事说三遍，记不住是缺心眼儿！她永远都是干妈！你顶一次嘴，她会觉得别扭；顶两次，可能会有微词；顶三次，她绝对就不是你干妈了！恭喜你，在你的婚姻道路上成功地开启了一个日常副本怪。

我并不是说男人的妈有多可怕，只是告诉女人一个人之常情，你会因为爱你的老公而爱他的妈妈；同样，大部分婆婆也会因为疼儿子而疼儿媳妇，主要出发点是不给儿子找麻烦让他受夹板气。不过，大部分年轻男性在结婚的时候并没有做好受夹板气的思想准备。所以，后果你懂的。要么你直接把关底大BOSS直接开怪了，要么你就是在每天刷日常任务怪的时候多了一个猪一样的队友。

跟亲妈是血亲，那种爱是无法比拟的，你跟你妈卷街（方言，当街叫骂的意思），你妈可能第二天照样屁颠屁颠给你买早点去。你这辈子也遇不见一个可以相互卷街完了再一起逛街的干妈！干妈做不到！干妈做不到！干妈真的做不到！重要的事情再说三遍！别用亲妈的标准要求婆婆，因为她生的是你的老公，她没生你。所以，她也不可能跟你卷衔，因为她没这个权利，但是她对你不满会跟她儿子——你爷们卷衔。

每一个女人都应该学会一种能力，就是在婚前对自己要嫁的这个男人的母子关系做一个亲密度的评估。这个评估包括男人对母亲的态度：孝顺，但是不是言听计从？亲密，但是不是离不开的妈宝儿？这位母亲爱子，但是不是恋子？关心，但是不是事无巨细？

这四个标准是什么呢？孝顺，但是这个男的一定要有主见，有独立思考和执行能力。愚孝是指对母亲毫无原则地服从，这个没结婚也一眼就可以看得出来，不必等婚后。

中国的母子关系比外国的母子关系要亲近得多。在外打工的相对好些，那些生活在父母身边的可能关系会更亲近些，衡量是否病态的标准原则就是一条：男女有别。记住，如果你认识的这个男人要是在自己妈面前光着屁股乱晃，那这样的母子关系就是病态的！

至于衡量母亲是爱子还是恋子，作为女人其实是可以很敏锐地感觉到的。我之所以会列出一个标准，是因为很多女人敏锐过度，对常规化的爱子也矫枉过正地划归到恋子行列，然后心里产生心结、矛盾。其实区分爱子和恋子很简单，恋子的女人把儿子看成是私有财产，更像是要求情人和爱人一样，由于又是长辈的关系，所以那种爱是没有尊重在其中的；而恋子的母亲除了不会尊重自己的儿子，把儿子看成私人财产之外，还会像情人一样对儿子撒娇、耍脾气。

其实，第四点是第三点的辅助选项，关心在正常范畴，衣食住行，儿行千里母担忧都是人之常情，这个不必走心，你只需要在这个时候配合未来婆婆一起焦虑，然后说说宽心的话，如果能再安慰一下她就完美了。但如果她事无巨细，连隐私都过问，那就不正常了。

上述四项标准真的需要在婚前理智地评估一下，不然，别怪我没提醒你。其实，也没有想象的那么可怕，也不必害怕结婚，两个人只要婚后能够独立，娘家或者婆家也就不会干预你们小两口的婚姻生活。如果客观条件不允许自立门户，那就做到独立自理。虽然年轻人有年轻人的生活习惯，但是必要的生活自理了，尽量减少被老人照顾的需求，也能获得尊重。

当然了，你如果开的是高级副本，比如豪门恩怨戏码、灰姑娘情结的，以上都可以忽略，那是更高级的学问，需要高强度的精力保持，甚至提升自己的个人魅力和自立能力。那不是我这里要说的内容，那个话题得另议。

其实，还是得有爱情，有爱情你才有想爱屋及乌的冲动去爱他的家人。别因为婆婆最多只是干妈就感觉很丧气，相敬如宾没什么不好，也许这就是为什么婚姻是两个家庭的事，但日子是你们两个人过的。这和别人没关系，看准了，选好了，祝你找到个独立、成熟、有担当的男人，并且他内心里的孩子只跟你玩儿。

最幸福的男人莫过于生命中的两个女人都懂得爱屋及乌。有一方不懂或者不爱，对男人来说都是难题。很多婚姻虽然是两个女人的问题，却因为男孩还没做好当个男人的准备而逃跑。所以，女人在嫁作人妇前还是应该理智地评估一下伴侣的母子关系，这样最起码可以减少灭团的概率。作为一个聪明男人，永远不要幻想自己的妈和自己的媳妇能像亲生母女一样相亲相爱。这是一个极其缺心眼儿和天真的想法！一个聪明男人应有的觉悟就是：婆媳保持安全距离，理论上相敬如宾，都真心爱你。这就叫完美！

姑娘，那话怎么说来着“命运始终都掌握在自己的手里”，好话拦不住要死的鬼。

姑娘，你的婚姻道路上是多一个指引你的 NPC，还是开出一个日常任务怪，全看你自己。那话怎么说来着？“命运始终都掌握在自己的手里”，下副本你可一定得先看看攻略！

婆婆的恩主心态

我认识一个姑娘，身材不错，长相也属中上，在一家外企做人力资源工作，并且还是一个小负责人。姑娘自己活得挺潇洒的，吃喝玩乐都不耽误，因为收入也还算可以，所以每年至少出国旅游两次，然后各种短途旅行什么的就无数了。打开这姑娘的微博、朋友圈，不知道的还以为她是个网红呢，天天小日子过得别提有多滋润了。

但是，姑娘的年龄越来越大了，虽然是在一线城市，家长对于大龄女青年结婚催得没有别的地方那么紧，可是眼看就要三十岁了，爹妈就开始时不常地犯犯逼婚强迫症，家里的亲戚也都帮着给介绍撮合。姑娘也不是没谈过恋爱，因为人挺漂亮，所以早恋这事儿肯定没落空。高中时候早恋，尽管老师、家长各种围追堵截，还是偷偷摸摸坚持到了大学。结果，一上大学，异地、劈腿，姑娘受了刺激，觉得爱情不可靠，一单就是四年。大学毕业后参加工作，第一份工作中被领导各种照顾，领导还是韩范儿欧巴那款的，结果姑娘沦陷了，谈了两年恋爱，结果发现这个公司领导有老婆孩子，常年在加拿大。姑娘知道自己被小三儿后愤然分手，但是对方苦苦纠缠，非说跟老婆没感情，只是因为公司资产的原因不能离婚，并承诺不会亏待她。姑娘冷笑一声说了句：“我不干了！”不仅分手，而且也辞职了。

大概是因为工作能力还是挺强的，才辞职没多久，就有猎头公司找到她介绍了现在这家外企工作。也因为这样，姑娘的感情原则就是三个字：怕麻烦。于是，这么一来就空窗了快四年。

三十岁对女人的心理是一个特别高的坎儿，很多女人觉得三十岁就跟一个结婚倒计时的闸门一样，总觉得过了这个闸门就再也嫁不好了。而一般女孩的家长也患有同样的焦虑症，不光认为可能嫁不好，还有年龄大了当高龄产妇的担忧，以及父母岁数越来越大，将来怎么帮助带孩子等特别特别长远的焦虑。有些可能是正常的，有些纯粹就是咸吃萝卜淡操心。所以，很多女人都会在三十岁前后很茫然和盲目地把自己嫁掉。

这个姑娘大概也是这种状况，家里介绍对象的状态已经到了病急乱投医的地步，爹妈甚至已经在内心深处设定自己的女儿嫁不出去，找相亲对象的条件也越来越宽松，甚至到离谱的境地了，一个全球500强的外企HR小中层，家里亲戚居然给介绍公园开游湖大船的驾驶员、超市备货员以及隔壁小区水站的小老板。姑娘简直无语了，在一次与家里给安排的开工程卡车的司机相亲之后，姑娘跟父母发飙了。

与家里的盲目焦虑比起来，朋友和闺蜜介绍的相亲对象更靠谱一些。在大半年的相亲后，姑娘终于看上了一个年轻的公务员，年龄比姑娘大几个月，长得一般，但是说话还算有意思，朋友问她是不是找到感觉了，姑娘说：“嗨，矬子里拔将军吧，也就那么回事儿。没有爱不爱的，看着顺眼就行了。”

听这话茬儿显然姑娘也是受到了逼婚的影响，已经把自己的择偶条件放低了。男的也是被家里催着结婚，交往不到 5 个月就双方家长见面聊婚事了。他们俩基本上是被双方家长推进民政局登记结婚的，男方家准备了新房，比男孩父母家还大，是个大三居，并且都装修好了。当时男孩的妈妈说："房早就装修好了，就缺个女主人。我把我儿子和房子都交给你了！"这话一说出来，姑娘还挺感动的。但是闺蜜出主意让男方在房本上加名字，姑娘觉得自己又不图什么，干吗非要在人家的房本上加自己的名字呢？回家跟妈妈说，她妈妈也觉得应该加，加了放心，并且说怕姑娘不好意思，要替她说。

但是姑娘妈妈的要求被男孩的妈妈一口回绝了，说："如果俩人一直好好过日子，这本身就是两个人的房子，没必要填名字，到了一定年限就是夫妻共同财产了。"然后，反问道："我把儿子都交给你女儿了，难道连这几年都没信心能过下去？！咱们当老家儿的，都是为了孩子能好好过日子，谁也不想让孩子离婚，所以没必要加。如果真是我儿子做了对不起你闺女的事儿，那写不写名字过错方都得付出代价。"姑娘的妈妈虽然觉得这话听着别扭，但觉得这场婚姻已经骑虎难下了，也就没再说什么。

结婚一切顺利，两个人去欧洲旅行也非常甜蜜，天天朋友圈发游记，简直美哭一帮闺蜜，留言评论一堆"嫉妒"得咬牙切齿的话。按说这婚姻就算不错。

可是蜜月回来没多久，姑娘就发现了问题，婆婆隔三差五地就来家里小住几日，到了家里就干活儿，不是收拾屋子，就是做一桌子菜。开始姑娘还挺感动的，觉得有这么个婆婆挺好，自己省了好多事儿，可是，后来发现婆婆干活儿归干活儿，但时不常地老当着自己和老公的面说些闲话:“你都结了婚的人了,还得妈天天给你收拾屋子归置家,我看你将来当了爹怎么办……”

“你们俩孩子,天天说独立,要是没我做饭照顾,你俩下班连口饭都吃不上。”

“你说你俩这日子过得多舒服,有我这么个带薪保姆在,家里缺什么我这个保姆都给你们买齐了。有这样的保姆你俩也给我介绍一个呗,让我也省省心。”

一般婆婆说完,姑娘的老公总是嘿嘿一乐,要不就说一句:“妈你烦不烦啊?”然后,就回书房打游戏去了。留下姑娘和婆婆在客厅看电视,那气氛尴尬得简直能逼死她。

有一次,家里人一起吃饭,婆婆炖的肉摆到桌上。姑娘伸筷子夹肉吃,婆婆特别惊讶地看着姑娘说:“岚岚,我记得你说过你不吃肉啊?”

姑娘委屈地看了一眼自己老公,他傻呵呵的完全没有察觉不妥。于是,她笑着说:“妈,我那是减肥,谁能不爱吃肉啊!您看您儿子吃肉吃得多香啊,我当然也爱吃了。再说了,我骨瘦如柴的怎么给您生孙子啊。”

婆婆当即说:“对!对!对!多吃、多吃,赶紧吃得胖胖的给我生孙子。”

姑娘呢,还是觉得别扭,又跟了一句:“妈,生完孙子还让吃肉吗?”然后,做了个鬼脸怕婆婆觉得是挑衅。

婆婆说:“哪儿的话,当然给吃了,你还得给我孙子喂奶呢,你饿着就是我孙子饿着啊。”

嗯，姜还是老的辣，不管这婆婆是无心还是有意，反正回的这一句简直神补刀。

很多这样的细节让姑娘觉得有种寄人篱下的感觉，即便是两个人单过，并没有和男方父母一起生活，可这种感觉始终萦绕在姑娘的心头。开始姑娘都是和自己的闺蜜说，但是闺蜜出的主意无非是怎么噎婆婆，或者怎么手撕老公，从而达到“你虐我，我虐你儿子”的冤冤相报恶性循环，都不靠谱。于是，姑娘找到我，跟我聊了一下她的困惑。

其实，在发达国家，人们平均拥有自己房子的年龄在三十到四十岁之间，而在中国，拥有自己房子的平均年龄在二十岁到三十岁之间，有些地区甚至十几岁就拥有自己房产的人也不在少数。这个现象背后的实际是，这些房产大多是由父母购买或者由父母出资付首付款而完成的。

这里我们只谈男人的家庭。因为中国社会的普遍认知是结婚由男方准备新房娶媳妇，而并不是由女方来承担这笔巨额开支，所以这也是很多爱情一旦涉及婚姻就变味的一个重要原因。就算男方家里条件允许买了房子，大部分男方家庭也是倾其所有置办新房，所以很多男方家长自然而然地就产生一种心理：我们家是“花钱娶媳妇”。媳妇在这句话里其实是附属品，是可以被替代的，而花钱才是主要的。在这样一种心理作用下，“花钱娶媳妇”其实更确切地说应该是“花钱就能娶媳妇”。

在餐厅，很多人都遇到过食客难为服务员的事儿。服务员出了错，食客动不动就辱骂服务员，要不就叫经理，一般难为服务员的人都有这么一个心理：老子花钱了，花钱买服务，服务不好就不行！这叫恩主心态。再比如，有的人坐飞机，跟空姐大呼小叫，天气恶劣飞机延误也骂空姐。一个一米八的大老爷们一上飞机就举不动自己的行李，非让个一米六的小姑娘把自己的大箱子放到行李架上，空姐举不动也张嘴就骂。他认为“飞机票里有服务费，老子买了你的服务，你就得各种伺候老子”。这也是恩主心理。

娶媳妇花的钱基本上是坐个飞机吃个饭的几万倍十几万倍甚至几十万倍。大办红白喜事是中国的民俗，买房置地这事却是全世界的认知，但是这两样都是以父母的积蓄为基础的，而他们其实什么也得不到，这不是旧社会，他们真的不会像旧社会一样得到一个女性劳力。但是他们花钱什么也得不到的时候，心理是很难平衡的，这种无处宣泄的恩主心态必然会在任何平常的小事上消化掉，或者是把这种恩主心态快速转化成等价交换，比如婚后立马有了孙子孙女。这也是一种转化方式。

说到这儿，肯定有人说：“女人又不是生孩子的机器，凭什么？男方父母花钱娶媳妇没得到，可是他们的儿子得到了一个大活人当老婆！他们是花钱给自己儿子娶媳妇！”

嗯，这话一点儿都不错，但是，花钱给儿子娶媳妇，“花钱给儿子”是重点，“娶媳妇”不是重点，就好比我们并不觉得要求妻子必须爱男方的父母一样，男方的父母也没有义务去爱儿子的妻子。所以，在结婚前，儿子的女朋友跟他们并没有半毛钱关系，也就是说，他们只管掏钱，不管儿子娶回来的是张三、李四、王二麻子。也许这个姑娘在儿子眼中是不可替代的，但是在男方父母眼中，他们就只是花钱给儿子娶媳妇，至于娶的是谁这并不重要，这个媳妇可以是任何一个最终跟他们儿子领证的女人。

对于男方家庭来说，婆婆的恩主心态是婆媳关系紧张的一个特别重要和无法逾越的尴尬鸿沟。也许你会说，不要房呢？不要大办酒席呢？恩，恭喜你，嫁给你的真爱，你愿意裸婚，但是请你一定不要选择和凤凰男裸婚，因为那样的话，即便你什么都不要，你的公公婆婆也会觉得你嫁给了他们全家乃至全村人的骄傲，所以，你已经高攀了！他们乃至他们村的所有七大姑八大姨都是你的恩客！

恩客不是妓女对嫖客的称呼吗？对，没错，在他们眼里，除了不能共有，其余该伺候的一样都不能落下。记住！“不欺少年穷”这话不包括凤凰男。

恩主心态也不是没有办法解决，除了靠生孩子化解，还有一种办法就是靠自己的老公。但是，多半男人都不会去试图解决这种问题，因为在他们看来，这就是矫情或者是没事找事。这就牵扯到了另一个需要女方充分理解的问题。

话分两头说。婆媳关系里有婆婆恩主心态的问题，但绝大多数婆婆还是不想让自己儿子受委屈的，因此，在对待儿媳妇的问题上，偶尔表露的恩主心态如果无伤大雅，完全可以当成没听见的选择性失聪。

这里我必须说一个引起婆媳误会的重要原因。养男孩的妈跟养女孩的妈不管在教育孩子还是说话办事上都是完全不一样的。教育男孩，一般当妈的都是简单粗暴，只是最近这些年才流行什么亲子教育，鼓励式教育，可能还没成人的“00后”接受过这样的温柔和蔼的教育，但是大部分男孩的成长史都是轻则挨骂、重则挨揍。什么虐童不虐童的，棍棒底下出孝子这话流行了几千年了，最近十年才开始流行孩子打不得的供祖宗式的教育方式。显然，供出来的祖宗能不能当好老公这个咱们得再过几年才能看见，不过，我看着悬。

儿子一般都是在连打带骂、连吓唬带哄的过程中长大的，养儿子的妈基本都有一颗特别强大的内心，但是，同时她们也完全不具备养女儿的妈妈的那种细腻。数落儿子和劝女儿完全不是一个技术层面的。如果养儿子的妈是散打高手，那养闺女的妈就是刺绣工艺传承人，这话一点儿也不夸张。

儿媳妇在没当妈之前，还是女儿的状态，对于现在的儿媳妇来说，媳妇这个身份就跟北京的春秋天一样糊里糊涂就过去了。基本上是从女儿的身份稀里糊涂地就升级为辣妈了。所以，媳妇这个角色只存在于称呼，并没有太具体的现实意义。

由于儿媳妇的心理还是女儿的心理，所以她就渴望自己的婆婆能像自己妈妈一样对自己说话特别细腻，但显然是不可能的，很多婆婆对儿子说话细腻一点儿都会被儿媳妇看成是恋子。一个50多岁的女人，又不是天生的演员，也不是专业学表演的，你让她对待儿子儿媳转换两种说话角色，这真不太可能。也就是说，你觉得婆婆说话你不爱听，很可能是因为她养儿子几十年造成的说话过于直接的缘故。

恩主心态加上养儿子养成的正经女汉子的说话方式就是大多数婆媳矛盾的起点。我说的这个婆媳矛盾并不包括任意一方的恶意。没有谁天生就是仇人，矛盾都是日积月累产生的。但是看了我对于老公她亲妈的一些心理分析，如果你的情商够高，其实很容易把一些矛盾和误会糊弄过去。

感情是要认真对待的，但是婚姻生活很多都是需要糊弄过去的。认真就是跟自己较劲。我这里说的并不是忍让，忍让是不可调和地接受委屈，但是对于这种我说的心理和环境造成的误会完全可以通过正确理解而排除，顺便也训练一下自己老公的情商。要知道，让老公当着自己妈的面儿总说自己娶到宝了，这样的话也会降低婆婆的恩主心态。另外，独立或者经济上和丈夫持平也是可以大幅降低男方家长恩主心态的办法。

婚姻生活要糊涂着过才开心，感情生活要细致地经营才幸福。说起来简单，做起来很难，不着急，慢慢来。

男人不会爱一个顺从的女人

首先，郑重声明，我是一个大男子主义者，我说下面的话应该就不是为了取悦女人而说的昧良心的话了。而且，我可以保证，如果这个男人爱你，就一定是这样的想法。

一个女人的美和吸引力从来不是来自于懦弱和顺从，即便这个男人最终的目的是征服眼前这个女人，他也希望这个征服的过程充满乐趣。如果有哪个男人说"这是放屁，谁不想要一个顺从的女人做老婆"，那一定是谎话。你真的是爱这样一个顺从的女人，还是觉得这个老妈子娶回家不错，伺候大爷是把好手，放在家里可以辟邪，哪天用腻了也可以直接请走、没有半点麻烦？

看起来很偏激？！不愿意相信你的顺从和跪舔就换来这个结果？！但这就是人性，每一个人——我说的是每一个人，会拿一个上来就跪舔、百般讨好、言听计从的人当回事吗？老话说："人善被人欺，马善被人骑。"这句话放在感情生活里依然适用。你的顺从并不会换来尊重和爱情，只会换来不拿你当回事儿。你把自己都丢了，你让男人爱谁呢？！

首先，你得让这个男人尊重你，一个男人只有在尊重这个女性的基础上，才会产生爱情，没有尊重，一切都是扯淡。没有尊重，结婚就是找老妈子，生孩子叫传宗接代，有了外遇……女人就是弃妇。

既然尊重那么重要，那男人的尊重从何而来呢？男人尊重一个女人来自于欣赏，欣赏品格、欣赏美、欣赏聪慧独立、欣赏一技之长、欣赏独特气质、欣赏温柔如水或是人淡如菊。总之没有一种欣赏包括顺从和跪舔。

顺从从来就不是一个优点，温柔并不是顺从，一般来讲，不出意外的话你的委曲求全换来的都是变本加厉，如果你没有独立的人格，你就会被碾压成粉末，然后轻轻一吹，灰飞烟灭。这并不是耸人听闻，因为有太多逆来顺受的女性最终的结局就是弃妇这一条路，年老色衰的时候你再有能耐也没用！你瘦？她年轻！你胸大？她年轻！你腰细？她年轻！你翘臀？她年轻！一个年轻就击败了一切你曾经对自己皮肉施加的刑罚。顺从有个屁用？屁用都没有！没有尊重和爱情，你最终只会败给年轻的肉体！

有种言论说："我可以睁一只眼闭一只眼，两耳不闻窗外事，我心宽，有孩子就行，我愿意当老妈子伺候管家，男人都喜欢家里红旗不倒，外面彩旗飘飘。"那你可就错了，你忘了你在和谁打仗！你忘了你丈夫根本就不尊重你！你想当大房就当大房？你觉得外面那些年轻的肉体都是吃素的吗？就算外面的女人真是傻到只知道要钱，绝不破坏别人家庭的活雷锋，你还得琢磨一下：这种婚姻关系最致命的地方就是男人无视你的存在，根本谈不上尊重，又何来让你稳坐大房之位？！

有的人还会说，我就是顺从，忍耐，就是不离！我就呵呵呵了……离不离不是你说了算的，对方第一次起诉后，法院会调解，半年后再起诉，法院直接判离婚。又有女人说，离了也让他掉层皮……哎哟，如果真如你所说有那么多财产，你觉得他会让你分走么？中国离婚是民事诉讼，你调查对方的财产经济状况几乎不太可能，不是刑事案件银行根本不会配合的好吗！什么？！你拿结婚证查你老公？！你拿亲妈证也查不了他的银行存款，必须本人！必须本人！必须本人持有效身份证件！别看冒领存款银行的诈骗那么多，你正儿八经拿着你丈夫身份证去银行查账，人家基本都是微笑地对你说不。

有人说大房模式的基础是手握财权，我想说，哪个成功男人是让女人管钱的？有几个？凤毛麟角好吗？就算给你分了百分之零点儿的股权，那也是为了保存大部分实际利益做出的最微不足道的牺牲而已。再说了，现在哪个做生意的没有个几百上千万的罗圈儿债都不好意思跟别人打招呼，豪门都是几亿十几亿的银行抵押贷款，分什么财产？分个六啊！分分钟你得跟着一起背债！连尊重都没有，管钱？能不能醒醒？！

我讲一件真事，大概2000年的时候我认识了一个姑娘，一心想嫁大款。姑娘漂亮，一米七的个头，不过百的体重，家长是地方公路局的领导。在北京上学的时候同班有一个男同学一直追求她，那会儿还流行给姑娘写诗啥的，总之按照当年的流行元素，挨个儿来百十遍。姑娘就是嫌他穷，其实男孩真不算穷，家里算是小康之家的水平。大三那年寒假回老家，家里人给姑娘介绍了一个当地承接高速公路项目的财主，长的吧……怎么说呢，大概由于常年在应酬场合浸润，反正在五花界里都算腻的，常年体重260——因为地秤就到260！故事里的王子是阿拉伯的，现实中的“王子、皇子、皇太子”都是抽象的。但是，姑娘还是同意了。毕业之后就再也没跟同学联系过，大家也以为她过上了太子妃般奢华无比的生活。

直到两年前的一天，姑娘当时年龄也才 34 岁，突然给我打来电话（本人为人比较正直，心地还算纯良，没啥仇人也没有欠款，所以从 1996 年有了第一部手机到现在没换过电话号码），说在网上看见我写的情感文章，想跟我吐槽一下她自己的感情生活。

大概的故事就是她嫁过去之后自己在地方当了个公务员，大部分时间就是去单位报个到就回家相夫教子，发现过几次老公出轨，都按逢场作戏睁一只眼闭一只眼处理，自己妈因为也是官场上混迹的，于是教育女儿：“丈夫家大业大，女人就该顺从退让，只要你是这个家的女主人就够了，其他都不重要，实在难受就生几个孩子。你有了孩子就不用把心放他身上了，而且有了孩子，也不怕他跟你离婚，咱手里握着他的娃，他还能反了天？”

于是女孩积极造人，两年凑了个好字，也是神作。于是，顺利转入大房模式，大家都相安无事，一切过得那是相当的“岁月静好”。到了俩娃上幼儿园的年纪，他老公说直接把孩子移民新加坡接受教育，而且老公的姐姐早就移民新加坡了，也可以照顾，然后说妻子也可以时常过去，或者跟着陪读。姑娘兴高采烈地陪着一双儿女去了新加坡，可是陪了不到半年，人生地不熟，连个朋友都没有，而且还和大姑子不太对付。再加上姑娘的妈突然查出疾病，所以她就从新加坡回国了，但是儿女因为上学，不可能跟回来，所以就暂时分开了。大概又过了半年，再去新加坡的时候，一双儿女明显跟姑姑比跟她亲，她还觉得这是自己退让的明智决定把自己和大姑子的关系搞好了，所以才有了大姑子善待自己儿女的结果。她想，反正有钱，可以随时空中飞人去新加坡，于是又回国照看母亲。

时间就这么过去了三年，突然有一天，姑娘接到一个电话，是自己老公的号码。一接是个女的，大概意思就是姑娘的老公从来没爱过她，爱的是这个女人，并且这女人已经怀孕三个月了，姑娘的老公已经跟这个女人保证离婚,给这女人肚子里的孩子一个名正言顺的名分。挂了电话，虽然这次弄出个孩子来，但是她也还是觉得大概是又一次彩旗飘飘，大不了用钱解决给点安家费就行了。

可是这次她想错了，当天晚上她老公就回家了（大房模式平时基本见不到老公），她还觉得是老公意识到自己理亏，所以献殷勤弥补呢，因为每次她发现他外面有小三，她老公都是拿钱给她，要么送块表、买个包，要么陪她出国旅个游，然后她就朋友圈秀上几个月的照片，就跟她移民了一样（真是海量照片啊！感觉不是在旅游，就是在拍一年份的照片囤着发）。结果,这一次,她老公回来直接跟她摊牌说：“你知道我在外面有女人了吧？”

她回答:“知道啊，无所谓，反正你的家在这里，我是你的妻子。”

结果他老公说：“你这样我就放心了。这么说吧，这次不一样，我觉得我遇见真爱了，她让我觉得我又年轻了，而且她跟我说你是大房的心态，根本不爱我，而她是爱，是离开我就活不了的。你的反应也让我相信，其实你并不爱我。咱俩在一起就是互相拖累，不如咱们离婚吧？”

姑娘先是一愣，然后突然发觉自己的忍让被对方给说成不爱的时候竟然无力反驳……是啊，本来从一开始就不爱，就是觉得他的财富才能配得上自己的条件。姑娘不淡定了，开始哭闹说自己不是不爱，自己不离婚，然后，男人起身说："那咱们走法律程序吧。"

姑娘一听就翻脸了："那好！走法律程序，分家产吧！抚养权归我！你出轨是过错方！"男的听了一乐，没说话。

姑娘找了律师，结果第一次开庭，她老公就拿了一份5个亿的银行贷款抵押文件，虽然姑娘门儿清自己家里有多少财产，但是这个文件一放，简直放大招儿！此招一出，谁与争锋？不但不能争财产，而且还资不抵债……还有共同债务……姑娘差点一口老血吐在当场。

休庭之后，她老公和她说女友肚子里的孩子不等人，要不自己吃点儿亏，给她100万外加一套当地市中心的底商，但是，孩子抚养权肯定不给。姑娘不干，死活要孩子，然后自己直接打飞的去了新加坡见孩子。结果，大姑子根本不让她见孩子，而且……那个姑娘居然在大姑子家安胎呢……而且大姑子说，俩孩子已经认那个姑娘当干妈了。这姑娘脑子一下儿就懵了。在新加坡耗着也见不着孩子，于是她又回国和丈夫交涉。

她最后的救命稻草就是家里名下的房产和8000多万存款。结果，她老公也是挺绝的，申请了冻结抵偿贷款，于是一分钱也取不出来了。至于房产，虽然写了她的名字，但是属于夫妻共同财产，作为银行抵押贷款的质押物，也跟着冻结了。后来她找了周围的朋友和领导，想从外界甚至生意关系上给丈夫施加压力，但是她不明白，所有人跟她交往都是冲她老公的面子，这会儿无一例外全是劝她好合好散的。

姑娘想闹个鱼死网破，打算举报点什么的时候，没想到第一个蹦出来反对的是她爸……原来，她老公因为生意问题，她爸在审批的时候开了几次绿灯，所以如果举报，估计她爸先就地免职了。以前觉得自己父亲的影响力能制约自己的丈夫，让他不敢造次，结果，最后反倒是堵住她自己嘴的最大的一块血馒头。

直到这个时候，她才闹明白自己掌握的钱从来就没掌握过，自己名字的房产也从来不是自己的，结婚十年，青春没有了，还以为最起码会落下点儿钱和房子，没想到竟然是净身出户。

她的电话断断续续聊了两三天，她说最后同意离婚的时候，对方只给了她 20 万，其余的利益都用来换取对方保证的探视权了。她说除了孩子，她一无所有了，我说："你错了，你连孩子都没有了。"送到姑姑那里寄养，孩子早被洗脑了。丈夫最后给她的一句话是："给脸不要脸，最后就是个没脸。你以为我是傻子，我就让你看看谁是傻子。"

十年有多久？余生有多长？这个账大家都会算吧？讲完她的故事之后，她就再也没有联系过我。

有的时候，一直透支的东西，真的会在某一刻清算，那一刻真的来到眼前，你接受得了吗？

这个故事是真实的，没有一丁点儿虚构的成分，其实最好的故事都在现实生活里。对于富人来说，他们有数不尽的花样保护自己的财产不受损失，对于一个以青春和自尊换生活的女人，根本就不可能得到想要的。即便眼前做了皇太后，但皇后都能废入冷宫，你以为你是穿了铁裤衩儿还是稳坐保险柜？！

爱情是什么？爱情是难以替代。顺从是什么？顺从是保姆，年轻的保姆是保姆，年纪大了对方有良心的话，你就是退休保姆。有赡养费；对方没良心，你就是下岗保姆。分财产？别闹了好吗？分分钟你分到的就是共同债务。

说到底，没爱，哪来的夫妻之情？靠手段，这种豪门恩怨的戏码，你能比人家更会玩弄权术吗？

顺从，得不到尊重；手腕，换不来爱情。你把自己都丢了，你让男人爱谁呢？一切从做自己开始，才能筛选出欣赏你、尊重你和爱你的伴侣。切记！切记！

别傻了，你的自由是因为他不爱你

我想问你一个问题。我和老公结婚8年了。我们很少在一起。我在北京工作，他在老家。他从来没有主动给我打过电话。我问他："我可以以后一直在北京工作，不回老家吗？"他说只要我高兴，怎样都可以。他到底是爱我呢，还是根本就不在乎我呢？

大部分时间，人的潜意识是非常准确的，我觉得这个提问的姑娘心里早就已经有答案了，只不过这个答案并不是自己愿意接受的，所以自然反应是自己催眠自己："我想多了，他是爱我的，他只是牺牲自己成全了我。"这样的自我催眠对于维持这样的家庭并没有什么不好，挂名夫妻都是如此心照不宣的。这是一种平衡，但只要一方对这个感情存疑，那这婚姻就无法继续下去了。

很明显，这哥们儿不爱她了，或者说早就不爱她了。但是可能因为时间久了，或者是分隔两地互相也不影响，就这么过也没什么不方便的。但关于爱情，想都甭想了。

我并不是说远距离没有爱情，正相反，对于恋爱中的男女，远距离异地恋还真挺考验爱情的纯粹性的，因为异地恋很少牵扯性，绝大部分都是在进行精神交流，就算是电话或者视频，也属于远水解不了近渴，看一眼算是望梅止渴了。

但是距离这个东西会根据时间的长短而消磨爱情这也是真的，因为很多时候，表达爱的方式就是陪伴，不是微信陪伴，不是电话陪伴，更不是短信陪伴，就是实实在在的一个爱人站在你眼前。你冷了我抱紧你；你饿了我下面给你吃；你病了我押着你去打针吃药看医生。这是言语和视频所无法代替的关心。

人的潜意识总是非常准的，当你觉得对方不爱你的时候，当你觉得他是不是没看上你的时候，当你觉得不管自己怎么努力都感觉不对的时候，你就应该相信自己的感觉是事情的真相了。

我们喜欢说："宁拆十座庙，不毁一桩婚。"这是对于有爱情的情况，但当这感情和婚姻名存实亡的时候，就叫互相耽误。爱情这种东西是基于自私和私有化的。任何要求伟大的爱的人都是站着说话不腰疼，要么就是压根儿不懂爱情。几十年前有名存实亡的婚姻，女人守着活寡，男人或麻木地过着，或直接远走他乡，那是因为过去对女人的迫害和压迫很厉害。现在社会诱惑那么多，那么现实，这么维持名存实亡的爱情是为了什么呢？如果不牵扯利益，那就更不能理解了。

爱情中的大度并不是不管不顾或者放任不管，而是在一定范围内给予的自由和尊重。因为每一个配偶的心理都只接受自己是对方的唯一。任何过分的自由都不是爱的表达。

所谓自由，有一个圈儿，这个圈儿画得越大，感情越浅，出圈儿了或者压根儿就没有圈儿了，也就不用再问他是不是爱你了。两地分居除了军婚那种实在没办法的以外，都会想尽办法团聚，这种撒出去完全无所谓的人多数会把这种无所谓伪装成默默地支持对方的事业、不拖后腿的“艺术形态”，那么这种懂事你就在心里画个问号吧，如果在后续的行为表现中他（她）也确实越来越懂事，越来越“不打扰”你的工作和生活了，那你就准备准备重新打鼓另开张吧。

这种互相“理解”的状态特别像现在某些宗教信徒的放生行为，也不管买来的动物是不是具备生存能力、是否健康，就直接扔到未知的恶劣的自然环境里，美其名曰放生积德行善，实际上这叫不管死活。

如今大部分在大城市打工的农民工都过着两地分居的生活，相当一部分人会在打工的城市组成“临时家庭”（在城市人群中的“第三者”和“姘头”不知为什么在农民工群体里就被美化成了“临时家庭”），他们对于爱情没有任何要求，两个人在一起就是搭帮过日子和解决生理需要。但对于都市人来说，他们对感情生活的需求和品质要求要高得多。所以才会有“他还爱不爱我”或者“他是不是对我无所谓了”这样的疑问。

还是谈一次吧，在确实还有感情的前提下，根据夫妻双方的客观条件看看谁迁就谁。如果没有感情了，那就趁早解决问题。任何人在解决温饱之后，对于情感的需求和欲望都会变成人性欲望的主体，而这种病态的关系只能有一种结果，就是各玩各的，各自装傻，做好有一天某一方突然要散伙的思想准备。

人一辈子有多长时间？何必两个人这么惩罚自己呢？等老了玩不动了盼着对方倦鸟归巢吗？现在哪儿有那么伟大的可以一生都活在委曲求全的噩梦里到死的人呢！

放自己一条生路可好？

换妻之旅

电影《夏洛特烦恼》上映的时候，机缘巧合我看了两回，第一回乐哭了，第二回在同一个梗真哭了。是什么样的梗让我掉了两回眼泪呢？就是夏洛回到现实，用头靠着马冬梅，怎么赶也赶不走的样子。这就是失而复得的爱情。

我们都是普通人，男人、女人，只有这么简单的划分，没有谁从娘胎里出来就分得出好赖人儿，撑死了有的人爹有钱，有的人爹没钱。喘气的就叫活着，没气儿了就算死了。没有谁有第二次人生，也没有谁能重来。夏洛的穿越显然是所有人都梦寐以求的机会，我想这也包括女人。和大多数男人的想法一样，女人也会经常有“我当初怎么瞎了眼嫁给了他”的想法。所以，夏洛的穿越换妻应该是全人类的梦想。

看了好多影评，大部分都在说红玫瑰白玫瑰的梗。这到底是不是红玫瑰白玫瑰？或者这是不是北京遇上西雅图？我觉得不是，一点儿都不是，这不是错误的时间遇到对的人，也不是饭粘子和蚊子血的区别，这只是让一个人有机会闹明白什么才最珍贵。

爱情这东西肯定需要物质基础，但没有物质有没有爱情呢？大部分人都有过早恋，早恋的物质基础是什么？虽然大部分都夭折了，但那种看一眼拉拉手就脸红心跳的悸动，谁会否认那不是爱情？很多时候反而是物质摧毁了爱情。现实是残酷的，爱情是脆弱的，所以人们才会达成共识去选择物质，在满足物质的前提下，如果还能拥有爱情，那便是锦上添花了。

所有旅程都有终点；所有激情都会消退；所有热恋都会归于平淡。旅程的终点是回归平淡的生活；激情消退了是过着平淡的生活；热恋平复了是平淡的婚姻生活。平淡不代表爱情被磨灭了，不代表爱情就此消失了，更不代表爱没有了。它依然存在，只是被收藏起来、保管起来了而已。但是很多人都被这种假象蒙蔽了，认为平淡就是失去了爱情，然后就想刺激、就想折腾。女人出轨会内疚，男人劈腿会自责。于是，在平淡的婚姻生活里，走神儿的一方会突然热情起来，弥补走神儿的亏欠，反而引起了对方的怀疑。说真的，平淡确实挺害人的，害得人以为爱情没有了，害得人觉得好是反常的。都是因为平淡得太久，舍不得说爱了。国人本来就含蓄，处理起平淡来更是平淡地撇撇嘴而已。

夏洛得到了一个不用出轨背负道德谴责，就可以重来一次得到“梦中女神”的换妻机会。可是，最后发现，原来女神就是深爱自己的原配。被爱是多么奢侈的一件事情，被爱着的人永远不懂得它的珍贵，因为他（她）们的爱太富裕了，富裕到可以用来随意挥霍。人的贪欲会让自己变得自以为是，当自己被爱的时候就觉得自己魅力无限，会自我膨胀，觉得会有更好的在前面，不用着急。男人是这样，女人也是这样。那些被随意挥霍掉的爱情，可能就是今生错过的“马冬梅”。

胸会下垂，腿会肥，人鱼线逃不过啤酒肚，锥子脸也会出双下巴，靠什么维持人老珠黄后的举案齐眉？八成只有爱情能把眼前这个老东西幻想成心中的小鲜肉和小萝莉。情人眼里出西施其实说的是颤颤巍巍走不动道的老夫老妻眼里的爱人。这种自我催眠幻化爱人的能力跟动刀子整容拉皮儿完全没有可比性，前者是由爱生出的奇迹，后者是把皮拉的乳头跑太阳穴上也照样会松的奇葩，还会以为太阳穴上的乳头是鲶鱼精的触须。

我记得之前美国有个片子《生活遥控器》，讲的就是我们忽视的平淡生活中的每一个经历，都是人活一世到最后才会意识到最珍贵的财富。徐峥有个片子《爱情呼叫转移》也是说平淡的婚姻让他觉得连看对方一眼都无法忍受，最后经历了各种异性之后发现最合适的那个人还是原来的伴侣。只是回去时，伴侣已经有了珍惜她的新人了。夏洛的幸运在于，他从梦中惊醒之后，马冬梅依然跟在他身边，还是熟悉的声音，还是熟悉的招数，只是因为梦见失去之后的恐怖，发现这平平淡淡的吵闹才是最大的幸福。

人类其实并没有这样的机会，失去了才知道珍贵，离开了才觉得可惜，分别了才想起后悔……却不知道在相处的时候放下手机，放下面子，告诉爱人："我爱你。"然后抱一抱对方让他（她）感觉到心跳、温暖和踏实……

大幸福是被爱，大幸福是被爱地过着平平淡淡的生活，任何感情都会平淡，不是靠换人就能实现传奇。能传奇的都不得好死了。人生只有一次，没有后悔药，一次就好，我们该学会感恩，该学会珍惜，该知道拥有的可贵。我们该为爱情感动得流泪，别因后悔哭红了双眼。

写给正在平淡中寻找幸福的人们，共勉。

别把爱人当亲人

有多少姑娘的爱情止步于婚姻？又有多少人把新婚的爱人处成了亲人？多少平平淡淡才是真被曲解为一成不变？又有多少个黄脸婆被抛弃成为怨妇？似乎婚后要求情感质量是一种很“作”的行为；或者美和魅力对于婚姻生活就是一种不安分；似乎爱情本身在结婚那天以后对于很多男人和女人来说就变成了一种矫情。

我本身做得也不够好，但是我有我表达的权利。我不想站在一个道德的制高点上去批判什么，因为那种小土坡一样的高地只会让人觉得这犹如迎风撒尿一般，最后就是尿一裤子恶心自己。其实，我想我的疑问应该也是很多人的疑问，只不过我们一直被教育成一对一对“踏踏实实过日子的”夫妻。

爱美之心人人有，而且中国有一句古话叫作“女为悦己者容”。当然，前提是这姑娘是个好女人。哪个女人不想被赞美？除非她错投了人胎。最近经常逛一个汽车论坛，那里有个叫“老婆做车模”的活动，就是买了新车以后让老婆当车模拍照贴网上，然后坛主的原则是只要是女友、妻子、情人或者两小无猜未挑明的异性搭配，且姑娘都是良家业余，不管长什么样都给精华。可是有个奇怪的现象，一般都是男人首先热衷发帖，软磨硬泡求老婆照一组，女人们都极不情愿地意思意思配合一下，几乎是把素颜无妆的照片发出，然后在被一群本着老婆都是别人的好、上辈子似乎没见过姑娘的饿狼一样的花痴坛友口吐莲花一样地盛赞之后，女人们强烈要求配偶重新拍摄。第二次拍摄基本都是精心打扮，换多种造型，摆各种扭曲造型，反正是她们个人理解能力范围内觉得最妩媚、性感、妖娆以及气质的姿势。然后贴上网，之后就被坛友们趋之若鹜。当然也有审美口味以及素质不同的评论，不过基本都在自己女人看到之前或者被楼主删除了,或者被坛主禁言、关小黑屋、杀鸡骇猴、以儆效尤了。久而久之，大家就形成了一种共识，即坚持“楼主的老婆不是最美胜似最美”的评论风格。女人之所以会有后来积极地配合之前她们看似老公愚蠢行为的态度，也都是因为看了评论。

我认识一个女孩，结婚前属于很矫情的小清新、爱情至上主义者，结婚以后很快就有了孩子，我都怀疑姑娘是奉子成婚的，这节奏基本就是洞房花烛夜就“中枪”了，然后孕期就一直素颜孕妇装胡吃海塞各种需要的和不需要的十全大补，天天在微博里秀老公对她多疼爱、她有多女王，朋友圈转各种孕妇特权，教育警示老公还要继续学习以做到尽忠职守。然后盼星星盼月亮终于等到了一朝分娩，出了月子过百天就发了一张推孩子下楼遛弯儿的照片，我的天！短短不到一年的时间，这姑娘从纯情少女、小清新、锥子脸一下就跨越到脸如满月、肉发松、一边脸还挂一块农村红，生完好似还没生的高龄待产妇女形象。脸上的农村红大概是怀孕的斑还没消退。我评论说你怎么变成这样了？！她说这才是安逸的生活，有娃、有钱、有老公，然后自诩她家娃是富二代。我的内心是这样想的：“就你现在这个蠢样子，连 60 岁的老光棍都未必能看上你，你就作死吧。”但是我给她的回复却是：

“好幸福。你终于过上了自己理想的婚后生活。”

没过多久，大概不到一年，她的QQ签名换成：“老娘为了给你生娃，身材样貌都毁了！你个王八蛋就是这么做丈夫的？！”我八卦地问了句：“什么情况？！”结果就跟我倾诉了整整一下午，无非就是老公外面有了个女人，样子还没她当年好看……

我说：“姐姐，您也说了没您当年好看，您看看您现在都成什么样儿了……”

她回：“还不是你们男人！生孩子的都是女人，受罪的也是我们，你们擎现成儿的，完了还说这种便宜话！”

我看完她这句话不知道是哪根筋搭错了突然就有点激动，可能说话狠了点，结果就是她把我给拉黑了。我说：“我就不爱听女人这么说。是！生孩子不容易，可上帝就这么安排的，男的也没这个功能啊。再说男女比例失衡，可娶不着老婆的都是犄角旮旯里的男人，城市里和过得去的农村家庭的男人家境就算贫下，有几个没老婆的？生孩子这件事不是新中国成立以后才有的吧？过去生孩子女人都跟祖宗似的吗？我没去过外国，不过我觉得要论生孩子伺候老婆，就我看的那些帝国主义美剧里没一个男人能跟现在中国的准爸爸比。真的，可能是因为计划生育的缘故，所以中国的孕妇金贵得简直令人发指了都，这是为什么呢？穷的跟什么似的也动不动就要去甲级医院，要么就只认妇幼保健专科、私立医院，连着几昼夜排队建档，是这么打肿脸充胖子孩子就能赢在起跑线上了，还是别的中小医院妇产科里都不管生孩子？怀孕不打扮是因为怕有毒物质影响胎儿，可是生完孩子还跟待产孕妇的造型是为什么呢？月子完了麻利儿地减肥，这不光是为了你丈夫赏心悦目的问题，也为了你将来给你孩子开家长会的时候你家孩子不被同学嘲笑懂吗？！如果你老公娶你的时候你就是现在这样，我只能说你老公口味还蛮重的，并且百分之百他是变心的王八蛋！但是你老公娶你的时候你可是如花似玉的美人，你生完孩子成这个样子了，你觉得是他变心了呢，还是你试图强奸他的审美？孩子是个女人就能生，可男人疼孕妇究竟有多少是因为孩子，又有多少是因为爱情？公公婆婆疼你铁定是因为孩子，可老公疼你大多数还是因为爱情……多年求子未果和试管婴儿那种除外啊。话不刺耳对于你来说就是隔靴搔痒，你老公娶你是因为什么你知道么？！甭跟我说人好温柔懂礼貌，扯！钟无言还能骑马开国定江山呢，你老公怎么不娶个母夜叉啊？还不是因为第一眼看见你就因为胸大貌美腿修长才有的下回分解？不然你贤惠得跟阿信似的倒贴，你放心，也未必有下文。你老公没变，是你变了,你变成了突破他审美底线的女人之后怪他变心？别说工作忙，孩子累，家务多。二战知道吧，欧洲战区的女人们物资匮乏，吃不饱饭，随时可能被炸死，她们都知道聚会的时候从脚后跟到大腿根画条黑线假装穿了丝袜，你的借口能比得过战争？再说了，美是美给自己看的，是提升自己自信的，捎带脚儿算取悦一下老公，为自己还有那么多唧唧歪歪心理不平衡呢？说到底,别真把老公当亲人——他不是，只有在他完全丧失性功能之后才可以把他当亲人处。”

拉黑是必然的，因为我都觉得自己说得太狠了，因为熟的缘故。其实她身边朋友都在羡慕她的幸福，可没有一个人提醒她那作死的婚姻态度，包括我在内。

某些科学家挺毁人的，早先科学家没研究出爱情的保质期这个科学成果的时候，绝大多数人还相信爱情至死不渝，可自从研究出来爱情的保质期跟内分泌有关系之后，几乎所有文科生、理科生都一夜之间相信科学了，继而各种学手机都不利落的父母开始引用科学家的话教育子女："什么爱情不爱情，婚姻就是平平淡淡过日子，科学家都说了，爱情就是内分泌失调，跟青春期、更年期一个意思。"

过了三个多月，孩子妈加回了我的 QQ，此时她瘦了 20 多斤，她告诉我，她在试图回到她原来的生活轨道，不再整天妈妈经。我回她一句："我恨计划生育。计划生育让所有女人都把孩子看成了命，当一个人把某人或者某件事看成是命的时候，那她就已经不会活着了。"

她给我发了张近照，我给他回了句："还不错，已经像个风韵犹存的少妇了。"

她发了个不屑的表情。

我回了句："革命尚未成功。"

她回："我懂。"

他们没有离婚，在孩子两岁的时候她成功地挽回了爱情，我不确定偷吃过的男人会不会死性不改，但我能确定一点就是这姑娘现在绝对是个妖精。而我写这么多，也不是想给出轨的男人找什么理由、说辞，只是觉得现在好多顺理成章的意识简直就像毒品一样要命，居然还被各种男人女人奉为真理执行。**我说出来未必你能醒，但有时候难得糊涂未必好过保持清醒。**

别麻痹自己认为这就是婚姻生活，你的亲人够多了，你结婚不是找爹、找妈、找弟、找妹，你结婚是因为爱情，递根儿就本着搭帮过日子的除外。这里注明只因为矫情的人忒多，懒得和他们矫情。

男人善意谎言的真相

很多女人都有过这样的经历：自己的男朋友或者是丈夫，特别有诚意，一脸坚贞、理解万岁的样子，满含深情地说:“你不胖，挺好的，这叫丰满！”又或者是:“你不化妆最好看,素面朝天是一种纯粹的美。”再有就是：“别减肥，我不喜欢瘦的。”然后，听者就有恃无恐地信以为真……这些都不是真的！女为悦己者容是真的，男人都是视觉动物是真的，没有男人喜欢一个身材肥硕的，特别是没为他生过孩子，更加没有胖的理由！

可能你觉得我刻薄，以小人之心度君子之腹。姑娘们，我是不想看你现在一糊涂，将来两行泪。我只想告诉你一个我从小到大总结出来的我这个性别群体的真心话：“男人喜欢美女，没有例外！男人喜欢女人身上的肉长在该长的地方，没有例外！男人喜欢会根据场合环境变换装束和妆容，有一定审美素质，带得出去的女人，没有例外！”

我说完这话一定有女人呛火问我：“你凭什么要求那么高？！”

不凭什么，就凭我是一个男人，就凭我这些文字是写给女人看的，所以我告诉你男人最真实的想法，即便他跟你描绘的是梁祝，是罗密欧与朱丽叶，你也拦不住他体内影响荷尔蒙的本能，而且残酷的是:没——有——例——外！区别只在于各个年龄段对美女的定义不同而已。

别怕，这只是男人的想法，男人多数还是面对现实的，即便他脑子里存在着各种女神和意淫的念头，他邪恶的念头总是发乎情止于理的，他脑海中的诉求顶多存在于他的“电脑 D 盘”里，至于那些克制不住的，基本都进监狱了。所以请放宽心。

放宽心并不等于松心，别相信那些骗人的鬼话，即便那是“善意的谎言”。记住，待到你满脸横肉时，他绝不是那个给你戴戒指的苦命天子；素面朝天永远比不上面如桃花；而那些连腋毛腿毛都不修饰的女人，必败在凝脂玉肌面前！别看着自己男人撇歪了嘴，鄙夷地想“就凭他？！”你这么想就等于在作践你自己的审美。我想看我这本书的人几乎都应该是都市人群的女性读者，所以就从这一人群的审美角度去评判配偶，你看上他就证明他确实存在着你认为可以以身相许的优点。就连“老实”都可以是一个饱受摧残的薄命红颜落难时“暂时”委身于一个男人的理由，何况其他呢？！我记得不久前有个新闻报道一个身在广州的七八十岁的拾荒老汉因为长须白发、骨瘦如柴颇有特点，被美院教授找去做兼职的人体模特，记者采访时发现老汉和一个 20 岁出头的农村姑娘住在一起……你明白我举的这个例子是什么意思了吗？你生活在一个多差的男人都能创造奇迹的地球上。

男人说的和做的未必是一致的，善意的谎言有的时候是一种麻痹的毒药，多伟大的爱情最后都是出于本能，唯一的区别就是有没有爱情。人是高级动物一点儿都没错，可是高级半天也还是动物。说到这儿，我并不想把女人心目中的美好打碎，只是告诉感性的你，再诗情画意的男人也逃不脱最现实的本能支配，区别仅仅在于获取异性欣赏和认可的手段。而凭什么吸引他，并且持续地吸引他，这才是你要知道的关键！

他喜欢的是遇到你时的样子，如果你被他善意的谎言改变了最初的模样，你觉得他还会爱你吗？我特别明白这样对于女人来说活得很累。确实，这就是性别优势，当你富有魅力时，男人就像蜜蜂一样蜂拥着围绕在你身边。别曲解了我对女性魅力的意思。你只要记住，你按照最初遇见他时的样子，做自己就好了，因为那个你对于他才是有吸引力的。

因为我的书是写给女人看的，所以我不想告诉你男人该怎么维护感情经营爱情，我只想告诉看书的你他为什么不爱你，以及一个女人如何做才有可能让你的男人对你依依不舍、念念不忘。

任性和“作”的生物学区别

在一个成年男性的眼里，所有可以做老婆的女人都不可能包含叛逆这个特性，说白了，男人认为一个成年女性如果拥有叛逆的个性，就等于说这个姑娘还没长开呢，就好像第二性征没有发育完全一样，是“幼女”来的。别美！姑娘，这里的“幼女”不是夸您年轻，而是纯粹的贬义词，所以叛逆的姑娘多数都会被各种“亵玩焉”个没完没了直到她开窍为止，不过这样沧桑的洗礼过后，姑娘一般都会从一个“幼女”直接晋级成为一枚“苍果儿”（就是沧桑的老姑娘）而途中不经过萝莉、少女、尖果儿（年轻漂亮的姑娘）、轻熟女以及熟女的阶段。这种进化一般都伴随着不同程度的心理疾病，运气好的能遇见个好“大夫”被治愈，弄不好就是一辈子变女神经病。

任性对男人来讲是一种分寸十分暧昧的萌，但是分寸一过就是作，所以把握分寸就是任性的尺度。你要死活非任性尺度突破三级，那爷们儿只能把你归类到禁播的“作女”束之高阁远观瞻仰了。这是后话，咱们先说任性。任性的分寸拿捏好了，是一种纠结的美。看了这话你一定觉得男人好贱啊！女人懂事不喜欢，喜欢任性的？你要这么理解那你就错了，真正的男人特别不喜欢特别懂事的那种姑娘，特善解人意，各种体贴入微嘘寒问暖的那是妈的角色扮演。男人如果真爱这个女人的话，懂事这个词是一种大面上过得去就得、模棱两可的宽松要求，根本就不是什么特主流的如同公婆要求的那种级别。至于进门就拿拖鞋，下班就放洗澡水，男女共浴就为搓背，连端茶倒水都是跪式服务的这种高端大气上档次的形式，那是天上人间的 VIP 消费模式……一般男人刚开始觉得这是种享受，连着伺候半年准上火，要是一年估计就烧得受不了顶不住了。男人虽然在抛弃懂事的姑娘之后有追悔莫及的现象存在，但是那只存在于分手后的继任者是个作女这样的小概率事件。如果只是小任性的话，男人基本是不会有追悔莫及的心理产生的，因为懂事的女孩一般少有风情和趣味，这对于热恋和新婚来说是致命伤，也就是说在男人眼里你还需要风情万种的时候，你已经把自己处理成贤惠的老妻了，虽然省心，可是没有一个男人愿意在兴趣盎然的年纪跟一个“未老先衰”的“妈”过日子。当你扮演了“妈”的角色时，男人必定还是会去寻找一个爱人来满足情感上的空白。这不是给男人劈腿找理由，而是提醒你学精点儿，别把自己调整成服务型人格，男人会感激，但不会和感激的人过一辈子。感情和婚姻都一样，别唱着《感恩的心》过日子——累。谁也不是谁的恩主，你说呢？

在男人的认知里，女人是需要自己调教而进化的，你一上来就懂事得跟阿信一样励志，男人完全没有成就感，而且婚后你也没什么可能再进化得更加贤惠了……再进化就是带薪保姆老妈子了。所以你的小任性是给你自己留一个余地，留一个在他意识里认为和他相处的过程中你逐渐变得懂事、大方、有里儿有面儿的极品——这就是男人的小九九。

适度的任性是一种风情和性感，这和贱不贱没有关系，而且这也是衡量一个男人是把你看成传宗接代的生育工具还是当成一生挚爱的女人的一个隐性标准。因为没有一个男人会对一个娶回来过日子养孩子的婆娘有耐心，男人的耐心源于感情和爱情，而女人需要把握的是任性透支这种耐心的额度。

说到透支耐心的额度就该说说任性和作的区别了。男人的耐心总是有额度的，就算再好脾气的男人也有，区别只在于爱的深浅、舍不舍得以及有没有诱惑。别觉得男人如果爱你就该包容你的任性，天底下就没有应该的事，所谓的应该与责任都是女人希望男人给予和承担的，但这些给予和承担都是因为有爱作为基础，而这个度就好像一根猴皮筋，你永远用力拉扯，非要让一根梳小辫用的猴皮筋去承受您的体重，猴皮筋绷断的时候就是你摔惨的时刻，而要命的是一般来说一点征兆都没有，而那个时候后悔就来不及了。如果说女人的任性是调情，那么作就是大庭广众之下裸奔，让人难以接受，而且一点儿都不可爱，一点儿都不美，一点儿都不性感，一点儿都不值得留恋。如果你是个作女，如果你正准备反驳“我的爷们儿怎么依然还留在我身边被虐着”，并且指责我不懂爱、胡说八道的话。我只会冷笑着告诉你自求多福，因为我见过太多夸下海口的作女扭头就被劈腿、被甩、被抛弃，之后要死要活地求原谅求谅解，即便最后发了毒誓毫无尊严地挽回了那个爷们儿，多半感情也变得面目全非了，因为在你俩的爱情天平上，你再也无法占据主动了。聪明的做法只有幽幽地对他说：“我会懂事，我会变得很好很体贴，但是你却看不到了。”然后抽身离去。因为他再也不可能像从前那样迁就你了。

爱情这种东西不是说一句“我改”就能恢复成原来的样子。这是它最悲伤的特质……

爱情要懂得见好就收

有好多姑娘都特别喜欢在男人即将犯错的时候不动声色地观察，等坐实了男人的错误之后，再跳出来好像抓到多大的把柄一样跟男人吵架。这是一种多变态的爱好呀。如果说这种智慧用在捉奸在床这样的侦查与反侦查的特殊高冷环境里，说明这姑娘的智商情商具有天蝎座一样的特性和神探夏洛克一样的头脑，但是如果这种智慧用在开头说的那种情况，这就叫脏心、找茬、没事找事！

说真的，男人和女人有天生的性格差异，男人天生粗枝大叶不拘小节，而女人是以柔美和细致入微而存在的精灵。听听！用词上的差别就可以说明男人和女人的区别，老爷们儿心思细密叫小心眼儿、婆婆妈妈，女人细心、敏感、细腻就被形容为细致入微和柔美的精灵，这说明普世价值观里，大多数人是不接受男人细腻的，而女人的细腻是天经地义的。可是有很多女人就抓住男人的这个短板玩命地咬住不放，生怕一松嘴男人就跑了一样的执着，可一般效果都适得其反。举个例子，好多男人最头疼的就是和女朋友吃饭，很多女孩一到吃饭的时候就问男人想吃什么，男人如果回答说想吃什么什么，完蛋，立马刺到女人的心头梗，然后被批大男子主义、不在乎女人的想法和感受等等，反正什么帽子大扣什么，大有挑事的不嫌事大的架势。如果你表现体贴问她想吃什么，得……她又说“我找男朋友就是想找个有主见的，能做主的，什么事都能把我安排好照顾好”，那意思就差说这个男人是她肚子里的蛔虫了，能随时知道她此刻害口的心头好是烤大腰子还是菲利牛排。说白了就是胡同逮猪——两头堵。

在男人眼里，这是一种既给别人添堵，又给自己添堵的做法，是完全无法理解的损人不利己的行为。所以，任何一个男人遇到这种情况都不会认为眼前这个没事找事的姑娘是因为“大姨妈”来了情绪不稳造成的间歇性神经病，即便忍让退步、委曲求全，多半也会在心里留个梗。如果这是个偶发事件，那这都不叫事，也许还能增进感情；但如果您隔三岔五地就来这么一下，那你就跟在高速路边的草丛里架测速仪，在只许直行的路口拐弯处的第三根电线杆子后面藏着的交警一样让人头疼。

姑娘，你是在谈恋爱，不是在玩“大家来找茬”！男人最痛恨女人的一种行为就是找茬。俩人谈恋爱，女人想找一个可以包容自己、疼爱自己、忍让自己、宠爱自己的好男人，而男人的要求大概也就是想找一个善解人意、美丽大方、有里儿有面儿、上得厅堂入得厨房的佳丽。配不配另说，单说男人找老婆的观念就是回家就可以做自己，放松状态下的自己，不用像在外面一样装蒜、装孙子。而这个时候，家里潜伏着一个“执法者”，不动声色地观察着这个男人回家后的一举一动，看他上厕所小便之后是不是马上冲水，看他刷牙的时候牙膏是从尾巴上挤还是从中间挤，要么就是看看他进家门以后除了锁门是不是忘了别门的插销，以及看他去厨房接完热水是不是关了厨房门等各种细碎。如果有一样没做，就立刻跳出来极尽能事地数落指责，然后像揪住了仇人的小辫子一样没完没了，动不动就因为这么点儿小事吵一宿，要不就冷战一礼拜。真的！男人特别不能理解这样的女人脑子里是怎么想的，而多数采取的态度都是抹稀泥认错，希望息事宁人。这些在自己前半生都不叫事的事突然之间就变成了无法容忍的忤逆，而且有很多时候是糊弄不过去，甚至是低头认错都不能被放过的，光认错而屡教不改的陈年旧事。我问过一些姑娘这种情况下到底是怎么个心路历程，她们说就觉得要让男人长记性、记住！如果再犯就是这种无法收拾的局面，让他们记住，害怕这种毫无尊严的狼狈局面；从而达到改造男人之目的。

我听了之后有一种嘬牙花子的无奈感，还是老梗。好多女人在激动澎湃的时刻从来不去思考为什么我能治服眼前这个大汉？不从家庭暴力的角度思考问题，单从体能上讲，百分之九十九的男性应该都能从体能上征服一个女性（女壮汉除外）。那他为什么顺从地接受一个女人的统治呢？因为怕吗？任何一个男人，如果自己没有短处被女人抓在手里，没有伸手要钱靠女人养、吃软饭，何来怕你？！醒醒吧！别愚蠢地认为男人怕老婆，那满满都是爱好吗！是一种骄纵宠溺的最直白的表达方式！当你明白这一点的时候你就明白眼前这个大汉为什么“怕”你生气了。

这世界上有多少女人憋着一股使不完的劲儿，穷尽一生的不开心也要把自己的男人改造成一个四有新人。反正我见过好些乐此不疲的女人最后都离异了，区别仅仅在于“离异无子女”和“离异有子女”。为什么谈恋爱？就是因为在结婚前要看看合适不合适，别觉得不合适却非要尝试结婚后改造一个男人，首先你得自己问问自己：别人要把你改造成另外一个样子，你做不做得到？二三十年养成的人，就想花几年改造成你满意的样子，那是做梦。花二三十年改造一个人，你是把自己当监狱管教了吗？关键你改造的那个爷们也不是犯人啊！

女人会说，好好说如果管用我会发脾气吗？可是你知道男人怎么看女人找这种“鸡毛蒜皮”找茬发脾气这件事吗？一般内心的真实想法是：忍！要继续在一起就忍，忍一忍就过去了，谁叫我爱她呢？忍了吧，难道为这种小事离婚吗？忍！离婚成本太高。忍！谁叫她那么漂亮呢？忍！谁让她比我小那么多呢？真他妈的难忍！我怎么会找这么个不可理喻的女人做老婆？！真是瞎了眼，可老爷们也不能像泼妇打架一样……算了，忍吧，犯不上因为这么点小事跟她撕破脸。忍吧，还没有找到下家就忍了吧。最后，“还是那个谁对我好，更温柔、善解人意。算了，不忍了”！

一个男人对一个女人的忍耐力大小取决于性价比，这是个特别难接受的词，但如果女人不优秀又是个事儿妈，那这个女人只能自求多福了。就这么现实，吐槽、骂街和抬扛只会让你看起来更像个怨妇，对你没有任何帮助！通常有一套理论来让女人自己给自己的资本打分，但大多数女人都会高估自身价值。这虽然是情理之中的事，但却容易导致一些愚蠢的行为，比如各种找茬。当透支的资本让一个男人不害怕麻烦，愿意动心思改变被动挨打的局面时，也就是两人关系走到尽头的时刻了。

没有一个女人发脾气的时候是可爱的，所以你发一次脾气就会让你的男人对你降低温度。如果他对你的温度是一百度，发不了几次脾气就吹了；如果他对你的温度是一万度，你就要做好结婚以后离婚的准备；如果他对你的温度像太阳一样炙热——那根本是不可能的！

我并不是说女人就该受气，而是说要把脾气发在值得发的地方，原则性问题、关键性问题发个脾气全局胜利。当然，我觉得大部分女人做不到，这就跟让男人生孩子一样属于天方夜谭。只有情商极高的女人才能掌握巧妙地发脾气来达到目的的方法，大多数女人发脾气只是一种发泄，发泄内分泌，发泄强迫症，发泄压力，发泄月经不调，发泄任性，发泄恃宠而骄，甚至一些习惯性发泄就为了过瘾。狼来多了，狼就变成笑话了。狼来多了，放羊的就该想找个没狼的地方放羊了。

也许你脾气发多了，就会觉得不爱他了。也许你还没觉得他可以改造好的时候，他已经找到了愿意接受他现在样子的女人。**爱情是个易碎品**。现实已经很危险了，就别再找茬折腾他了。也许，当他离开或者你离开他的时候才发现，与那些年的快乐相比，曾经的无法忍受不过是些鸡毛蒜皮而不值一提。

浪漫满屋

在一本男人写给女人揭秘男性心理的书里出现这么矫情的题目简直是一件令人发指的事情，但当面对女人时，男人不得不面对浪漫。我记得曾经有个姑娘跟我说，男人如果把浪漫当作是负担，那浪漫就真的是负担；相反，如果把浪漫当成一种享受，像女人那样享受浪漫，那浪漫就是幸福和甜蜜的，即便是负担，也是甜蜜的负担。姑娘跟我说这话的时候我还年轻，所以我深信不疑这坑爹的小清新……

女人是感性的，所以她可以就凭感觉愉快；男人是理性的，所以总是面对现实的时候才会踏实。我觉得我是个浪漫的人，再疯狂的事情我都经历过，曾经每天一束玫瑰连送 99 天跟一个姑娘死磕到底，但姑娘后来很后悔答应我，因为她觉得我并没有延续之前追她时给她的浪漫感觉。

我也听过很多姑娘向我抱怨自己的恋人在确定关系之后就不如在一起之前浪漫，生活平淡得几乎没有惊喜，甚至有因为这个原因分道扬镳的。浪漫其实就跟睡觉一样，只要不是死了，总是会醒来，不管梦多美，多让人流连忘返，也终归会醒，而且大多数人都不能重复同样的美梦，倒是有些人会重复做同一个噩梦。之前我在微博上看到过一对小情侣用私奔的心情去旅行，两个人手拉手在异国的街道上穿行，穿着当地的民族服饰游走在寺庙庭院里，确实很美，以我这个 7 年科班摄影专业的眼光来看，照片拍得都很有小清新的独特味道，从视觉上就让人羡慕这样的生活。这对小情侣游走了东南亚的几个小国，几乎全程都在用照片直播他们的旅行，那些迎着日出接吻，伴着日落拥抱的即视感，确实是浪漫和温馨的。那么，问题来了：然后呢？一辈子旅行吗？不出意外的话，他们的旅行不会得到旅游杂志和旅行用品商的赞助，也不会得到任何和旅行有关产品的广告，两个人也都是普通家庭，所以也不是可以跳脱现实玩一辈子不愁吃穿的富二代，这撑死了是一场花光积蓄的激情之旅。当两个人结束旅行回到现实的时候会怎么样呢？一个是福建人，一个是广东人，按说俩人虽然是异地，但是也离得并不远，可就这点可怜的距离最后也没法跨越了，男孩有稳定的工作，女孩也不愿远嫁他乡，再浪漫的旅行也有结束的时候，再疯狂的私奔也抵不过现实的残酷。

男人随着年龄的增长，对浪漫和惊喜这样的事越来越没有热情，而且现实一点说，常年面对同一个女人，能经常浪漫的男人凤毛麟角，更何况每个女人对浪漫的定义也大不一样，有的女人认为浪漫和惊喜就是收到镶有鸽子蛋一样的钻石戒指，有些女人认为清晨的一个热吻或者一顿丰盛的卧室早餐就是能让她激动很多天的浪漫体验。期望越高越不容易产生幸福感，这就是为什么好多恋爱初期特别浪漫用心的情侣好了没多长时间就分手的原因，姑娘被男人惯得口味变高了，当面对现实生活的时候，失望了，心态失衡也产生了："噢！原来他就是为了得到我才会那么用心制造浪漫，现在追到手了，人就立马变样了。"

多少本来应该很幸福的恋情因为一开始起点太高导致夭折，人是种奇怪的生物，只能越过越好，男人要开始努着劲儿透支，最后变强弩之末，女人必然失望，这是人之常情，也是很多男人都容易犯的毛病，不是不浪漫了，而是黔驴技穷了。有人说钱就可以制造浪漫，好吧，天空飘来 10 个字：钱能解决的事都不叫事！呵呵，这种浪漫在男人的认知里，就是男人发情了必须用最快最简单有效的方法搞定他想要的姑娘——用钱砸。这种路子发展出来的真不叫爱情，叫发情。

你也许会说我说的是屌丝的酸葡萄理论，我只能说：姑娘你还年轻。曾经有个土豪跟我说了个他自己亲身经历的段子，有朋友给他介绍了一个很含蓄地表达要找个事业有成、有实力的男人，说白了就是只想找大款的姑娘，土豪看在她貌美如花的份儿上满足了她的要求，结果姑娘要跟土豪谈爱情。土豪特别轻蔑地跟我说:要了钱还谈爱情。这不是当婊子立牌坊嘛!

这世界上有没有又有钱、又忠贞、又一辈子只爱一个女人的男人?肯定有！而且还绝不止一个！但让你碰上还又爱上你的，这好比流星砸脑袋上变出一个都教授的极小概率事件，你打算用青春跟中奖概率死磕到底吗？！女人一辈子总要趁着年轻享受浪漫，不然就亏了，但一味地追求浪漫在男人看来就是“作”，属于不靠谱。男人面对这样的困境有两种简单粗暴但很有效的解决方式：一、分手。二、让女人生个孩子。第一不用解释了。第二就是男人普遍认为的当了妈的女人就会成熟稳重面对现实了。

我这么叛变我的性别阵营真是不应该，传宗接代这种高大上的理由没几个是年轻男性的想法，那些结婚立刻要孩子的男性，其实就是想快速让女孩变成女人、母亲，以便迅速找到正确的位置。即便是辣妈，恐怕也没什么精力再和男人纠缠有没有以前浪漫这么小清新的情感问题了。不是光女人会用孩子拴住男人的哟!

女人的优势和劣势

随着社会的发展和进步，吵架逐渐成为夫妻增进感情的一种奇葩方式，而非破坏形式，如何正确认识吵架对夫妻感情的影响就成为迫在眉睫需要解决的问题。这样的开头好像一篇社论，简直了！

其实，我早就感觉到，现代社会虽然还基本属于男权社会，但对于女性而言却是进入了一个不可能嫁不出去的时代，所以就主动权这个问题，女性群体完全可以扬眉吐气甚至趾高气扬地面对一切男性仰起高贵的头，坐等属于自己的跪舔。这个时代，只有看不清自身优势的女性才会低姿态地去爱。当然，如果你想高攀，还是需要付出自尊的，但缺失自尊并不能换取豪门生活，还需要拥有属于豪门的修养和学识，不然终究逃不脱弃妇的命运，如果那安家费能满足你的话，也许对你自身的价值观来说结局并不算“弃”。

因为女性自身优越感的提升和自信的满负荷运转，所以多数女性在恋爱期的气势并没有随着嫁作人妇而转弱或收敛，相反有一发不可收的趋势。我觉得这对于女性来说是好事，因为只有自信的女人才能掌握自己的婚姻和命运，那些一结婚就想用孩子来确定家的概念以及变成黄脸婆的女人实在有如阿斗一样有种烂泥扶不上墙的无力感。其实从古至今这个社会一直都很现实，女人想出轨一直都是一件简单的事，而男人如果想出轨需要精心策划以及良好的性能力和外貌，如果都不具备，就要具备金钱这样的硬性基础。所以从成本核算上来分析，女人出轨则所付出的代价要远小于男性！在这么明显的性别优势面前，如果一个丈夫不能清楚地认清形势对对方加以关怀和经营，那么绿色的头饰会分期分批地纷至沓来到应接不暇的地步而让他浑然不知地以为老夫老妻而已或者是老婆雌激素下降导致的冷淡罢了；有些男人甚至会天真地认为婚姻已经走上了平淡无奇的正轨而安然度日。这样缺乏危机感的结果就是江湖人称的“天下皆醒我独醉”。

如果说古代还有骑木驴、浸猪笼这样灭绝人性的刑罚震慑女性的话，那么现代社会在废除这些迫害女性的刑罚之后，优越感这种高端大气上档次的气质就成为了女性所拥有的独特魅力。自古以来，男人三妻四妾对女人来说只有失落和悲伤，从来没有耻辱这种说法，但同样面对背叛，如果是女人红杏出墙，那么对男人来说就成了奇耻大辱。在现代社会，那些个旧世界约束女人的糟粕都被废除的今天，一夫一妻制普及全世界的现在，一个女性婚内的忍气吞声让我着实不能理解。别说男尊女卑了，现在夫妻平等都是作为老婆赐予老公土豪一般的待遇，何来忍气吞声之感呢？！

在国家、社会环境、传统都跟苛刻和恶劣沾不上边的中国，女性在家如果还是个老妈子的角色，那只能用天生贱格来形容。一般这种情形的苦主就算哭诉，我也认为是可怜之人必有可恨之处！不能自立、为了孩子等这一切借口都不足以说明你的本质。作为一个人，自立是最起码的建立尊严的基础；而关于孩子的问题，我一直想吐槽一下中国女性心目中对孩子的定义！

孩子到底是什么？在中国，孩子是女人的寄托、希望、依靠、地位，甚至是钱包以及生活的来源。不错，十月怀胎一朝分娩这是一个苦活儿、累活儿、辛苦活儿。但是我得说明一点，很多女性抱怨男人把她们当成了生孩子的机器的同时，我也看到很大一部分女性一有了孩子之后对男人的态度就是“你爱干吗干吗，我有孩子就够了，有你不多，没你不少”。这明显是一种作死的节奏，然后还要怨恨男人出轨。真的，这世界上百分之九十九点九的男性的骨子里都住着一个永远长不大的孩子的灵魂，你如果不拿出养活孩子前的注意力去重视他，那别人给块糖不跑才算怪的剧情一定是顺理成章地发展下去的！没有例外！

女人，孩子不是一切，现在的孩子你指望他们养你吗？！那是不可能的，这个道理连我爹妈这种出生于四五十年代的人都开始接受了，如果你现在还想着养儿防老这种桥段，那你就是在给自己找不痛快的理由。现在年轻人面对的是一种怎样可怕的局面？一对夫妻要养四个老人，这和计划生育国策是分不开的。是，是没人跟你争遗产了，这四个老人有一个得大病还好说，两个以上得大病，这就是卖房卖车卖血的节奏了，还有什么遗产啊？！最后一般性结果都离不开人财两空。所以你指望你未来的孩子给你养老这事基本就是一颗绝望的种子，他们的未来能照顾好自己不用你养就阿弥陀佛了！傻女人！自己的伴侣比孩子重要得多！那些相亲相爱的白头到老不光是男人的宠爱和责任感，还有女人对自己伴侣那种情爱和母爱的付出。打架都是一个巴掌拍不响、两边都有毛病的事，你觉得幸福只要找个好男人就行了吗？！

傻瓜和聪明人有的时候是互补的，“做一个幸福的傻女人”，你以为人家真的傻吗？！那些女人才是真的智者，自信自立以及偶尔的自省。优势和劣势对于女人而言从来就没有绝对，用好了的劣势也是拿捏男人的利器，而用得很直白的优势会让女人弄巧成拙。

归根结底一句话，**幸福二字其实是男人和女人智慧的结晶。幸福的婚姻比孩子难养，却也比孩子回报得丰厚。祝各位女人幸福。**

女人最强的武器

一提到女人的最强武器，女汉子估计会认为是照裆一脚直接废了，或者是练个柔道黑带直接打破体能上的男强女弱，直接把男人一个大背胯扔出去。但是，其实女人的最强武器是示弱。

任何一个女人都与生俱来拥有这种对付男人的强力武器，排除你遇到人渣混蛋的概率，大部分男人都非常吃女人示弱的梨花带雨这一套。我说的梨花带雨并不是什么低级的一哭、二闹、三上吊，那是作死的节奏，我所说的示弱其实是一种棉花套战术，类似于太极拳的以柔克刚。打个比方，你一拳打在墙上，你自己手就废了；你一拳打在棉花套上，棉花把你拳头的力道全卸掉了，有多少力气都发不出来。女人的示弱就有这个神奇的效果！

可能是因为现在女人的社会地位提高了，也可能是因为现在的女人在爱情和婚姻中都是经济独立的职业女性，所以越来越多的女人在感情中采取了一种强势态度，心态特别容易理解："老娘没吃你的，没喝你的，也不用你养着，我凭什么什么都听你的、生活以你为中心？！"这种心态我觉得特别对，任何经济独立的女性说话都特别硬气，这是一种自信的表现！套句老话，都是"新时代的新女性"！但人总有一种惯性思维，女人在自信的同时，很多人都忘记了自己的性别大招：示弱。

女权这东西是给独身主义者预备的，真渴望爱情和家庭的姑娘如果是女权主义者真心是坑死自己的节奏。示弱这种行为是不被职业女性所认同的，但是这本身其实在男人眼里是一种纯正的性别优势啊！大部分男人在大部分场合都会对示弱的女性妥协，这是一个不争的事实。大部分人的认知概念里，一个男人如果刁难一个示弱的女性是不人道的、不绅士的、不男人的，甚至是人品有问题的。所以就算男人心里八百个不乐意，在人前装也得装出给示弱的女性让步的姿态来。

可是女人却轻易地放弃了自己的绝招，拼尽全力地努力证明自己的存在感，这个心态依然是非常值得称赞的，这种状态放在工作上必定成就一个女强人。但是如果把处处拔尖争强好胜的心态放到感情上，就容易让自己的爱情伤筋动骨，甚至毁了真爱。

爱情和情商的高低有关，情商高的人清楚地知道什么时候该坚持，什么时候该妥协。我有一个哥们，跟自己媳妇结婚两年了，前两个月天天跟我们说他过够了想离婚，原因就是他老婆永远让他认错，不管谁对谁错，开始他总是认错妥协，虽然自己心里不舒服，但是因为爱老婆，所以总是安慰自己“夫妻吵架，关起门来跟自己老婆服软不丢人”。可是时间久了没人愿意老是认错服软，他老婆就开始回娘家拿离婚威胁他。开始我这哥们觉得离婚很丢人，也会让父母这么大岁数还跟着一起着急，而且我们哥几个大多成家了，他离婚怕我们笑话他，于是他又开始妥协服软哄老婆。这么过了大概半年，他偶尔还跟我们抱怨。有一次，他跟我们圈子里一个老哥聊天，老哥听完就问了一个问题说了一句话，哥们就想开了。老哥说：“‘宁拆十座庙，不毁一桩婚’是老话儿，所以我肯定不能劝你离婚。你自己就问问你自己你能不能妥协忍让一辈子。能，就过。你要老觉得自己委屈，你那委屈早晚把你对她的感情消耗干净。等到那时候人家女方都跟你耗挺大岁数了，你再跟人家闹离婚，那你就叫缺德了。”哥们听完什么都没说，但是额头上的抬头纹舒展了好多。

回家后，他在我们那个发小的朋友群里发了段话：“确实有道理，确实累了，再提离婚就同意吧。想明白了，谁也别耽误谁。”哥儿几个平时损友缺德惯了纷纷给他点赞。

过了两天，一块吃饭的时候，他愁眉苦脸地跟我们说自己去洗澡的时候媳妇偷看他手机了，他倒是没有暧昧短信，可是他老婆看见了他发在损友群里的那句话。等他洗完澡出来，他老婆居然拽着光着屁股的他要他解释清楚那话是什么意思。他特尴尬地说没什么意思，就是扯淡呢。说这话的时候他说自己是服软认错成习惯了，所以第一反应是解释。后来他老婆不依不饶地追问他还想不想好好过日子了，他一下子就冷静下来了，然后跟他老婆认真地说他要考虑考虑。他老婆一听就崩溃了，立马说要搬走，租房住分居，说他不爱她了，然后就收拾行李回了娘家。这一次，他没有拉着不放，没有追出门，当然他后来跟我们说没追出去是因为赶巧他刚洗完澡还光着屁股没法追，其实他想追来着。

本来他觉得这次肯定要离婚了，突然有种一身轻松的感觉，再也不用过天天认错哄老婆的日子了。结果第二天他老婆就回来了，而且就跟什么事都没发生一样，还买了好多好吃的零食放在家里的食物桶里，然后跟他说：“老公，你老熬夜玩游戏，这个你饿了当夜宵零食。”哥们直接就慌了，本来铁了心这次是打算不给老婆台阶的。而且按照他了解的他老婆的脾气，只要他不认错不给台阶，老婆铁定跟他离婚。他老婆回来这个状态完全让他措手不及，想到的争吵和对策全作废了，哥们直接傻那儿了。

一起吃饭的时候他求助我们，我们分析估计姑娘回娘家一跟丈母娘学舌，姜还是老的辣，人家一分析估计这个姑爷是被压迫到极限了，所以教自己闺女以柔克刚。当然，毕竟是发小，不是真的损友，所以我们给他分析半天的结论还是：人家姑娘要是通过这事懂得示弱、改进自己了，是想跟你继续过日子，大男人就应该事过翻篇儿。后来证明，姑娘确实是想好好过日子，而且也不那么强势了，俩人比以前和谐多了。

这个例子说得很详细，其实就是想说明白当你对一个做好所有破罐破摔准备打算跟你耍浑的男人示弱的时候，并不是你的软弱，反而会让他出乎意料地慌乱，因为他的对策里根本就没有应对你妥协的对策。所以，**女人的示弱在关键时刻真的可以挽救自己的爱情和婚姻。**

婚后全职还是兼职

女人应该大多数是讨厌男人的大男子主义的吧？但又有相当一部分女人希望找一个男人能让自己不用出去工作，做一个全职太太，被男人养起来。全职这俩字放在任何工作上都是专一、高效和用心的词，唯独放在感情和婚姻这档子事上就基本等同于祸根和定时炸弹。我一点也不危言耸听，是真的！

女人间传颂的那句心灵鸡汤般的话“你负责挣钱养家，我负责貌美如花”其实在男人眼里是一句特别矫情的屁话。别急，女人们如果换位思考的话就会明白：如果你是一个男人，在外面辛苦挣钱养家，天天忙到没时间吃饭，少时间睡觉，更别提享受生活了。每天累得贼死回家的时候看见打扮得花枝招展的老婆出门逛街去了，百分之八十五（不夸张的比例）的男人的真实想法是：女为悦己者容，老子在外面挣钱又看不到你，你天天打扮那么漂亮给谁看？！

对于男人而言，女人的美是私有的，所以在男人在场的情况下，女人的花枝招展是女为悦己者容的尊重和倾慕，但男人不在场的情况下女人花枝招展到处招摇就是让男人不放心的了。一般这种情况下，不管男人自信不自信，都会猜疑。尤其是全职在家的女人，男人最直接的做法就是经济管控。一旦发生，女人就会发现，原来自己在家里的地位这么卑微和无奈。

有一个上市公司的董事长，夫妻俩年龄差 12 岁。女人嫁过去之后就做了全职太太，全职太太有大把的时间需要打发，睡到自然醒，然后健身、美容、喝下午茶、逛商场。你会发现，一天两天这是幸福，如果天天都这样，你就需要绞尽脑汁去想办法打发富裕出来的大把时间。这个姑娘属于特别会打扮的那种，天天打扮得花枝招展地出去喝下午茶，结果和微博里一个经常跟她互动评论私信讲笑话的网友聊得特别投机，而这个网友因为事业平平，也没有像她老公那样天天忙得没时间陪她。于是两人经常见面，从喝下午茶到下午开钟点房，每天老公下班前她才回家。男人不是傻子，他负责挣钱养家，看到见天儿貌美如花妖孽附体般的老婆，傻子也知道不是美给自己看的。总说女人有第六感，其实人类都有第六感，只是男人大多不喜欢把事挑明而已。她老公也没挑明，但是每月的零花钱从随便花变成了附属卡限额一万。过惯了滋润日子的女人特别不适应，很快就和这个情人彻底断绝了来往，为了让自己男人解除经济制裁，天天在家待着，每天用家里电话跟老公早中晚报到。整整三个月，她老公终于解除了经济制裁。她也明白了女人经济不独立，根本不可能有自尊，于是找自己老公投资跟朋友合伙开了个保健品公司，因为自己有事干了，也就没时间再喝下午茶找情人了。老公见她小生意做得挺像回事的，也开始对她另眼相看，还会向她征求一些工作上的意见，俩人的婚姻也踏实了。

全职太太养起来的都是金丝雀，男人是挺现实的动物，无论感情多深，养起来的女人多少都会在心里衡量性价比，从古到今，但凡全职在家的说好听了叫全职太太，说不好听的就是家庭妇女。这个社会，男人会随着年龄的增长而增值，女人因为性别劣势，会因为年龄的增长而贬值。大多数现代都市女性都不可能甘心情愿做男人的老妈子，也就跟逆来顺受不沾边了。年轻的时候还可以凭借自己的美貌和身材让男人心甘情愿养着，可是随着年龄的增长，一切就都不一样了。全职太太一般嫁的男人都应该属于有些经济实力的男人，最差也是单位混到一官半职的中层管理人员。您知道社会上有多少年轻刚入社会的小姑娘跟你当年一样就希望一进社会就找个成功或者有能力的男人把自己养起来吗？！那个时候，你三四十岁了，别说什么离婚房子分一半，大部分嫁成功人士当全职太太的，男方婚前就已经有车和房子了。现在的婚姻法也挺让女人无奈的，有孩子有的分，没孩子什么都分不着，别说分钱，一个带孩子的人老珠黄的离异女人手里攥一两百万在一二线城市没工作没房子的情况下真的是举步维艰。你不能到那个时候回娘家让娘家妈养你吧？！那时候你孩子都得嫌弃你回去找他爸去。

社会真的很不公平，女人和男人之间存在着太多的不靠谱和赌博的因素，更谈不上公平二字。女人确实不容易，在男女感情的问题上，真的别贪图一时的安逸而让男人占了先机。其实不需要多忙碌，你有个清闲的工作就比什么都不干靠男人养活的女人说话硬气。**自立才能有自尊，**安逸早晚成为奴隶。成奴隶是好的，遭遗弃的比比皆是！

我没危言耸听，姑娘们体会一下。

男人理想的情感生活

男人理想的情感生活和女人不太一样：女人认为理想的情感生活是浪漫的，充满温馨和惊喜的，而男人理想的情感生活是可以放空脑子放松心情的。所以，从根儿上说，男人和女人的理想情感生活是矛盾的。

我不止一次地听过女人抱怨自己的男人婚前婚后变了样子，婚前总是用心制造惊喜，花心思营造浪漫，对女人总是无微不至的关心才感动了女人决心以身相许共度一生。但是婚后的男人总是一种下班回家脑子也一起下班的状态，很少甚至再也没有以前那种花心思讨女人欢心的激情了。很多女人认为男人总说现在的社会压力太大，所以婚姻生活没有太多精力去琢磨如何让对方惊喜和开心。觉得这些都是男人的借口，因为现实生活中大部分家庭的女人也都同样面对和男人一样的社会压力。可是女人忘了一点，这是个男权社会，女人觉得压力太大的时候可以不顾一切地扔掉压力回家靠男人，而男人压力再大也不敢轻易放弃一切逃避回家靠女人，因为男人这样做是被社会所唾弃的软弱行为。从性别上说，女人可以逃，但男人不可以。

曾经有一个女性朋友在微信里跟我吐槽自己男人虽然挑不出什么

大毛病，但是非常无趣，虽然他会做饭，会在休息的时候收拾屋子，但是日子过得很平淡。最让她无法忍受的是，男人在单位有什么不顺心总是会回家吊脸子给她看，虽然不会拿女人当出气筒，但是他情绪低落总是会让本来就觉得生活平淡的女人感觉更压抑、不开心。

家对于女人来说是港湾，是可以依靠的后盾，同样男人也希望家是这样的。如果男人回家之后还要像在单位一样装开心，装友善，忍气吞声地压抑自己真实的情绪，或者在自己不想说话的时候还要动脑子想话题和女人聊天，那真的太累了。这无疑是让男人 24 小时不间断地戴着面具上班，那不是过日子。如果长期这样导致的直接后果就是男人会去寻找或者是不拒绝能让他放松的女人。

把男人当孩子这话说得太矫情，也太累了。**任何让对方感到疲累的感情都不是好的感情**。简单地说，就是自己做不到的就别去要求他做到。家是女人的港湾，也是男人的，在这里女人可以安心地依靠，男人可以卸下面具休息。

能放松做自己的感情是男人最渴望得到的。

雄性的救世主情结

我们生活在一个父系社会主导的星球上，所以男强女弱是绝大多数人的共识，无论你是不是女权主义者，这个观念都在地球上横行了千年，所以也造就了男人基因里的救世主情结。

救世主情结和处女情结是男人的两个死穴。说得幼稚点，每个男人都希望自己拥有超人的能力，能拯救全世界，但现实不是做梦，所以几乎所有男人都有个退而求其次的想法：保护自己的女人。不管女人怎么和男人争辩女人是独立存在的社会个体，是有独立思想和意志的，是拥有私人空间的，等等，但是一旦女人接受了男人的感情，男人都会进入一种默认你是他的私人领地或私有财产的情绪状态。这种情绪就和动物界里的地盘意识一样，再怎么绅士有风度的男人都会这么看待自己的女人。

男人喜欢拯救女人，这和女人拯救男人的方式不同：女人拯救男人大多散发着母性的光辉，让男人找到回归母亲怀抱的温暖；而男人的拯救更像父爱如山的节奏，必须是遮风挡雨的气势，人们也会觉得这样的男人才靠得住。这也说明了为什么现实生活中女汉子和女强人大多找不到好男人的病根。因为男人心里明白，找这种强悍的女人是给自己做男人增加了难度。一般没把握的男人都不会铤而走险去招惹这种女人。

因为在和平年代，除非遇上突然灾害或者生了大病，不然像韩剧里的男主角那样的救世主剧情很难发生在现实生活中。所以糟心地说，男人的救世主情结大多数体现在两个女人追一个男人，或者是男女情侣突然出现女小三追男人的时候……

如果排除两个女人身材相貌差距过大的因素，在两个容貌和身材相当的女人中做选择，男人一般会选择柔弱的。而那些在爱情的关键时刻坚持保有自尊的自强型女人一般都会是男人放弃和抛弃的一方。而男人给出的分手理由大多是：“你离开我依然可以活得很好，可是她离开我却不能活。”

傻子都知道这个世界谁离开了谁都照样活得好好的，但是那个柔弱的女人满足了男人想当救世主的愿望。所以即便你的坚强是装出来的，是为了保留仅有的自尊，即便你转身就哭晕过去，男人在被救世主情结冲昏了头的时候也会选那个当着他的面抱住自己不放、哭得梨花带雨的主儿，这大概就是“会哭的孩子有奶吃”的道理。为什么第三者总是看上去比正室有手腕？其实还是因为男人的基因里有太多的自大成分，一有土壤，它就发芽。

男女的感情追求平等一点错都没有，但是特别矫情地追求平等有点违背社会常识。其实，爱情面前没有强者也没有弱者，只有最终获得幸福的人。并不是所有爱情都适用感情专家说的什么爱情走了要保住自尊的那套理论。

人人都面临选择，如果抛开劈腿和花心的因素，爱情首先是一种存在感，女人需要爱情获得安全感，男人需要从爱情获得一种被依赖和被需要的感觉，这和自尊没半点关系。不错，谁离开谁都可以活得很好，但是这话不是说给爱人听的。说句不好听的，如果一个女人可以自己过得很好，那找男人干吗呢？！那不就成了负担了吗？

人类的任何能力都可以靠历练开发，我特别讨厌女汉子这种奇葩的存在和说法。女人总是抱怨男人指望不上、靠不住，为什么？！因为你压根儿就没正经靠过。你平时多依靠依靠，到关键时刻没有靠不住的，平时你总当你的女汉子，什么都平趟的状态，那你爷们必定会变得像个温室里的花朵，等真遇到你处理不了的问题，你觉得你把这盆温室里的盆栽端屋外来他能替你遮风挡雨吗？答案显然是不能。

这世界上偏激的人很多，所以话不说全面就会有人矫情钻空子，我所说的时时依靠是建立在女人自立的基础之上的。自立是获得独立人格和尊重的基础，而依靠并不是性别示弱，而是女人给男人的一种表现雄性荷尔蒙的机会。

这种依靠和依赖只关系到你感情是否幸福，如果你碰到了值得依赖的男人，就让他清楚地感受到你需要他！这不是示弱，也并不有损女性的尊严。就让他当你的救世主好了，就让他认为你离开他就没法活好了，就让他觉得他是你的天好了！你什么都没有失去，他却会非常开心。

说白了男人就是个孩子，你骗他说他是你的英雄，他就真的会努力做你的英雄。

父辈的婚姻和我们的爱情

朋友离婚了，他在结婚前就一直跟我们说父母一直逼他结婚，和那个姑娘才认识两个月，他就把姑娘带回了家，原本是为了对姑娘表达“我是认真谈恋爱，不是耍流氓”的诚意，结果半路杀出个程咬金，哥们他妈就跟上满了弦的弹簧小青蛙一样在俩人中间上蹿下跳地逼婚。姑娘一边跟哥们说不急，一边跟老太太哭得梨花带雨说自己岁数也大了，一个大姑娘跟他好了，他也没有个结婚的表示。

于是，老太太火力全开 24 小时无间断逼婚，甚至当着姑娘的面声泪俱下地跟他死磕，甚至说自己死不瞑目这样的话，陷他于不仁不义不孝的境地。我哥们经不住老太太闹，也觉得姑娘最起码跟老太太特别和谐，于是不到三个月俩人就领证了。

离婚是在两年后，哥们是个爷们，没说姑娘一个“不”字，就说是不合适。我问他：“你是不是有小三儿了？”这小子发了毒誓极力否认。我也就没再开他的玩笑。

他其实还想凑合，结婚时因为不想让老太太魔怔，不离婚凑合过也是想爹妈别担心。最后的崩盘是因为一点生活上琐碎的事情媳妇跟他动了菜刀。

我们都说，女人就是雷声大雨点小，一哭，二闹，三上吊，就是吓唬男人让男人认怂。他苦笑了一下说："你如果见过我媳妇为了前任在自己手腕子上割腕了七次的刀疤，你就不说这么便宜的话了。"

我问："啊！难道你婚前没看见吗？！"

他又苦笑一声说："她平时都带着N多的镯子，跟印度姑娘手腕子上的零碎有一拼了。你不知道女人有种武器叫遮瑕膏么？！就算我看出点痕迹，她娘家养了7只猫，她一句'猫抓的'，我还好意思刨根问底吗？"

我问："离婚怎么办？她会不会要死要活的？"

他叹了口气说："也许我们俩都觉得这是个错误，要离婚了，反而平静了。长痛不如短痛吧，分开对彼此都是一种解脱。"

我试探地问他："那你家老太太没闹你吧？"

他突然表情复杂地坏乐了一下说："本来是她认准的人，结果婚后就她俩不对付。离婚了，反正老太太大馒头堵嘴。要不是这样，她能饶了我？！开玩笑呢！嘿嘿嘿嘿，想一想还觉得暗爽了一下。估计我再结婚，她肯定不敢再掺和了，她自己都说，以后我的事我自己决定，她不参与意见了。"

很多结过婚或者是正准备结婚的人都有这样的一种经历：面对自己的感情的时候，总有点儿二乎，拿不准该不该结婚或者是可不可以跟这个人结婚；当把这种困惑和自己的爹妈说完之后，往往都会被推上一把，如果前面是悬崖就掉下去了，如果前面是康庄大道就奔跑起来了。

当然，每一位父母都是为了自己孩子好，他们经常给孩子排除顾虑的方法就是现身说法拿自己举例子。比如，"别担心，结了婚就好了，你看我跟你爸磕磕碰碰不也这么过来了？你都长这么大了"。再比如，

“这世界上哪儿有那么合适的人？结了婚过着过着就过合适了”。还有一种父母会说：“现在觉得有缺点没关系，结了婚你们就长大了。那些缺点就是不成熟闹的，结了婚就是大人了，心态不一样了，自然就会好的。”

很多最终离婚的人都是听了父母为自己好的话之后进入了错误的婚姻。鞋好看，穿着脚疼，周围的人再怎么赞美，自己每走一步都疼到钻心，这种感觉不是赞美和鼓励就能止疼的，只能把那双不合适的鞋脱掉。不过我说的合适不合适既包括男人也包括女人。

我父母那一代有很多不自由的束缚，有很多并不开化的思想，大多不是独生子女，兄弟姐妹众多，也许都谈不上被父母疼爱，只是稀里糊涂地被养大成人。过去说家里多个孩子就是多一双碗筷，这话一点儿都不假，所以他们那一代也谈不上活得自我。对于婚姻，他们更多的是一种对自己家庭包袱的如释重负和逃离。

在我的父母成长的年代，所有家庭都生活物资匮乏，除了吃饭睡觉，能有个单位分的 9 平方米的小房子就是很幸福的了。人在沙漠里，喝口凉水都幸福得要死，断粮 7 天，吃口窝头都能喜极而泣，没有人会觉得那是不幸福。正相反，这比起在家里和哥哥姐姐弟弟妹妹均分少得可怜的生存条件简直是天上地下，小品里那话怎么说来着？还要啥自行车啊。

我们大多数城市里的孩子都是独生子女，过着掌上明珠一样的生活，父母把自己小时候亏的嘴恨不能都在我们身上找补上，大多数独生子女自私、自我、自以为是。我也是独生子女，我身边的朋友也几乎都是独生子女，在这里的自私、自我和自以为是并不是贬义词，这其实是大的社会背景下给这一代人最大的伤痕。

因为我们的物质生活并不匮乏，所以结婚对于我们来说就会有生活水平提升还是降低的担忧，在父母那一代这种担心基本是不存在的，因为他们的生活水平几乎是降无可降，结婚就跟股市抄底一样。而我们完全不是这样的状态。自由惯了，被宠惯了，有很多都是一大家子资源用在一个孩子身上，结婚就是自立门户，很多人刚一结婚就发现很不适应，钱不够花，日子紧巴巴，还要跑回家吃拿卡要，无形当中就会有一种受委屈的心理，这种心理如果能被婚姻带来的幸福感和满足感抹平就不是事，如果不能，就一定会成为吵架的隐患。

我们这一代人，很多人在家里跟爸妈说话都很不注意，大部分人都跟自己的父母吵过架顶过嘴，这在父母那一辈人看来简直无法想象。他们那一代人，父母之命大过天，孩子多到要用讨好父母的方法才能分得爹妈的关注和关心。从情感上，我们也比父辈人富有得多，不缺爱是这一代人最大的特点，我们有挥霍不完的关心，来自亲朋好友、父母长辈。因为不缺爱，所以也就不太会珍惜；因为不缺爱，所以对爱情的透支也就没什么节制；因为不缺爱，所以一旦发现被爱的不满足，就会抱怨甚至歇斯底里；因为不缺爱，所以一旦不爱，就选择放手，而不是努力挽救。

其实，现在男人和女人之间的婚姻早就已经超出了父母长辈的理解范畴，所以他们会对儿女为什么相爱而质疑并争吵，会为儿女为什么不结婚而苦口婆心地游说，会难以理解儿女为什么离婚而说教，也会因为无法理解儿女婚姻维持不下去而质问。

很多父母都怀着一颗为了子女好的真心，把自己的孩子推进深渊，并且浑然不知自己的好心可能让自己的孩子活得痛不欲生。其实并不是危言耸听，也不是为婚姻失败推卸责任，离婚的原因千奇百怪，但这个具有中国特色的父母促成式婚姻是其中一个重要的离婚诱因。

很多被逼婚的人都不知道怎么疏导父母急切的瞎操心，很多离婚的人依然承受着父母不理解的唠叨，很多在父母眼里天造地设、无比般配的人在婚姻中备受煎熬。

写这个并不是要埋怨父母长辈，也不是把婚姻失败或者迷茫的责任推卸给他们，只是想让他们明白：儿孙自有儿孙福，要爱，但别因为太爱而毁了他们的幸福，好心办了坏事。

没有埋怨，只是父母没有办法替孩子去过，别去成全那些模棱两可的婚姻，因为结婚真的不是为了离婚。每一个父母都希望自己的孩子婚姻幸福，就像第一次放手让他们自己学会走路一样，**放开手，让他们凭着自己的心去嫁、去迎娶自己的爱人。**

众望所归的婚姻

某歌唱组合中的一位女明星离婚了,两个人的声明既突然又平静。我想,对于双方都应该是如释重负。我不是一个爱追热点写东西的人,但是因为这是我觉得非常严重的问题,所以真的想好好聊一聊这样一种婚姻——为了周围人的愿望而结婚的婚姻。

我猜测,看到声明时当事人的第一感觉就是长出一口气,深深呼吸了一口为自己呼吸的新鲜空气的感觉。这是我的揣测,但我想有一些人就曾经面临着这样不得已的婚姻。这是一种特别尴尬,被人推着向前,甚至害怕恐惧都没有用,只能硬着头皮向前、向前,让所有人都满意的局面,然而这个皆大欢喜的局面里唯一的牺牲品就是自己。

我上面说的并不一定是真相,但生活中确实有这样一种婚姻:本来两个人的恋爱进入了平淡期或者是到了想分手的时期,突然一方出现了意外,而另一方因为爱情逝去感情尚存,又或者是因为周围的舆论和道德压力,出自自愿也好,被迫也罢,做出不离不弃的决定,照顾出现意外的伴侣。所有人都会歌颂这段可歌可泣的爱情,所有人都认为这才是爱情,然后所有的祝福压迫着两个人继续往前走,一直走向婚姻。

当被照顾的人康复后，两个人本来可以回到原来的轨道，和平分手做很好的朋友，无奈迫于周围的压力，康复的那个人如果不和对方结婚，就会背负忘恩负义、背信弃义的骂名，而照顾的人如果自己主动提出分手，依然会被那些圣母心的人认为是被照顾的一方逼迫做出的决定。所以不管怎么样，这样的结果是不被允许的，只有硬着头皮用结婚来报答那些围观的人们，那些看热闹的群众，那些看热闹不嫌事儿大的好事者，以及那些仅仅是对美好爱情憧憬而希望别人演给她们看的言情剧迷们。

这是一出演员很痛苦但是所有观众都大呼过瘾的虐恋戏码，所有人都要求必须来个大团圆结局才是众望所归，而结局就是过不下去。

诚然，某一刻，他们曾经爱过，但是也许那份爱并没有坚持到结婚那一天,可能刚好两人打算和平分手彼此保留一份曾经美好的记忆，赶巧了在这个节骨眼儿上一方出了意外，于是两个人坐上了一列刹车坏掉的火车，一直冲在终点是断头路的铁轨上。在车上的某一刻，他们会觉得既然已经停不下来了，就干脆一起赴死吧，也许只是因为自己缺乏面对婚姻的勇气呢？毕竟周围所有的人都认为我们天造地设，所以我们也许就真的天造地设而我们是当局者迷呢？！

爱情，只有在相爱的时候才会有当局者迷，当两个人不再相爱的时候，也就不会再有当局者迷的可能。所以，爱，可以让人忽略一切细节，忽略一切缺点，让对方成为自己眼中无瑕的钻石；而不爱，所有细节都会像金刚砂做成的砂纸一样，时时刻刻打磨两个人的神经，让人痛不欲生。

为了所有人都满意而结婚的情况并不鲜见，曾经有很多女人因为要报恩，所以以身相许。然而结局基本都是离婚，或者郁郁寡欢。

这件事没有谁对谁错，只是两个当事人为了让大家都满意而举行的一场婚礼，里面有心酸，有感动，也有无奈，甚至还有认命。但当一切归于柴米油盐的时候，那些曾经磨灭爱情的东西都还在，甚至被无限放大到每一口呼吸都觉得憋闷的地步。所以，结局在一开始就注定了。

老话说，鞋合不合适只有脚知道，日子幸不幸福只有自己知道。我们每一个人都没有那么幸运成为明星，被人群簇拥和瞩目，但同时我们大多数人是幸运的，就因为没有那么多关注，我们可以活得更自我一点。

我认为在中国，婚姻是两个家庭的事情，但同时离婚也是最伤害两个家庭的事。我们在婚姻这个问题上总是听别人的建议。那些给你建议和压力的人，他们认为你们是般配的，是门当户对的，是适合的，是被他们精心挑选才呈现在你面前的恩赐。他们觉得好，你应该接受、心动以及感恩。那你觉得呢？

我们在不该自我的时候自我，跟父母顶嘴，伤害爱人，对朋友不肯吃亏出让利益。然而我们在结婚的问题上却把自己丢了，像一只宠物仓鼠，按照铺设好的管道爬行。而在婚姻里，我们突然又找到了自己，开始奋力反抗，破坏管道，离婚出逃。

很多过不下去的夫妻都曾经是别人眼里天造地设的一对儿。有一种婚姻叫别人眼里的般配，有一种爱人叫相爱才会不离不弃。我们的婚姻不是结给别人看的，是为了在茫茫人海中找到那个能在你老到走不动的时候，颤巍巍地对你笑，亲吻你的额头，在你面临生死时，只因为心里想到他（她）而产生强大的求生意志，是你看着他（她）就会微笑。这些都不是别人觉得合适就能实现的理想，这是只有自己才明白的幸福。

希望所有人都听从自己的心去决定婚姻，体会只属于自己的幸福。

做女王，哪怕是敌对国的

今天的故事开始前，我先说两个身边女孩的故事。我给她们起个代号叫小C和小D吧。至于为什么选这两个字母做代号，自己脑补身材。

小C和小D是两个在我看来都挺作的姑娘，长得都还算可以，个头也差不多，脾气简直是一个模子里刻出来的。小C是白羊座，小D是巨蟹座。别以为巨蟹就是贤妻良母，我一直认为星座如果不配合血型和星盘来分析性格，纯粹就是胡扯，因为人类不可能只有12种性格类型。

她俩是我多年的铁粉，从上大学的时候在女生宿舍就一起看我的情感博客，算是老朋友了，前几年她们组织粉丝见面我也去过一次，被她们跟参观动物一样参观了一下。这俩姑娘属于喜欢倾诉型的，所以我也比较详细地了解她俩的感情经历。两个几乎一样的性格、火爆脾气的闺蜜，有着两种截然不同的人生。我不能说是结果，因为这离生老病死还远远没有到达终点，只能说，在这一段，她俩的人生截然不同。

小C白羊座，在学校就开始谈恋爱，毕业分手，然后办公室恋情，因为火爆脾气和任性，把本来挺好的爱情作死了。可是小C失去了才觉得那是真爱，死活非要追回来，劝了也听不进去，纠缠了一年半，最后还是没有结果，然后一直处于懵圈的状态空窗了两年。后来经人介绍认识了她的老公，各方面她都挺满意的，然后跑来问我该怎么维护这个感情?

我的回复就是:“在不作的状态下做好自己就可以了。不要去迎合。”

她大概是因为上一段感情有点矫枉过正，或者是真的遇到了她想要改变的那个人，在这段感情里，她真的很努力地改自己的脾气，包容对方，甚至是忍让对方的毛病和缺点。最终努力没有白费，她们结婚了，结婚的时候还给我发了请帖。她问我婚后要注意什么，我只是半开玩笑地回复一句：“前后一致，早生贵子。”此后也没什么联系，大概半年前，她突然跟我说她离婚了，是协议离婚，两个人都觉得这场婚姻很累，所以就和平分手了。

我问为什么，她说其实婚前她就一直在忍，就是想促成这个婚姻。对方有一些自己看不惯的毛病，她和自己家里人说了，家里人劝她说人无完人，过了这个村就没有这个店儿了，小毛病等婚后成家了，男人随着成熟会改的，只要本质上不坏，品质没问题就可以。况且一开始小C也和家里人说过这个男人的所有条件她都很满意，她也觉得错过了可能就再也遇不到这么满意的人了。所以一直都在克制忍让和压抑自己的脾气，也因为特别希望这个感情能有个结果，所以一直都刻意地隐藏自己的火爆脾气。从认识到结婚大概8个月，时间也不是很长，所以她并没觉得隐藏自己的脾气有多辛苦。但是结婚了，开始过日子，才发现真正的婚姻简直就是一个缺点放大镜！越来越多的细节在考验她压抑脾气的神经强度，最终，她爆发了。

小C觉得忍让得非常累，而她前夫说是小C骗了他，婚前展现的是温柔善良没有脾气的小花猫，婚后是个凶残暴力的母老虎。两个人在崩溃中选择和平分手，居然在散伙饭的时候还握手表示轻松和解脱，这婚结得是有多纠结和折磨？！

小C的故事讲完了，我再讲一讲小D的故事。

小D是巨蟹座，但是吧，顾家贤妻良母什么的跟她就是绝缘的，那次粉丝见面我会也见识了女孩子自来熟是个什么路子。她感情的道路也算是磕磕绊绊的，上学的时候处过两个师弟，都因为脾气不合把男朋友打跑了，每次分手她都哭得昏天黑地的，然后再恋爱还是死不悔改。按她的话说，“我必须得找一个能让我做女王的男人，就算是敌对国的女王也行。”我问什么叫敌对国的女王，她说就是作一辈子的对手也行。我乐了，这点倒是挺像巨蟹座的，活活要作大死的节奏。

不过小D真是个挺有道行的姑娘，她的撩汉技能一直是超神的，而且清一色的弟弟，按她的话说：“岁数小的听话，老娘震慑得住。”不过也有一点不好，就是这些弟弟还没被打跑呢，她自己就当妈当烦了。然后跟我意味深长地说：“我想当女王，结果回回都当成妈……老娘真是够够的了！”

“不能吧？巨蟹不是有妈瘾吗？怎么会当妈当烦了呢？”我嘲笑地问她。

“哪个女人都希望被照顾好吗？弟弟儿子什么的一靠就倒，关键时刻就掉链子，上次我家里换灯泡，他玩游戏。老娘本来就不是事妈，我就自己换，结果被电得从椅子上摔地上，把手腕摔骨折了，我还没哭呢，他先哭了，老娘拖着折了的手腕还得哄他……我当时那心理阴影面积能解决中国所有人的住房问题。”她说完居然还娇羞了，这让我感受到了她渴望被关怀和照顾的诚意不虚。

5·12地震的时候，她和小C拉着一后备箱矿泉水跑到东郊火车站帮忙装卸救灾物资，俩女汉子被工作人员劝退的时候意外地认识了她现在的丈夫，一个比小D大两岁的男孩，也是拉着一车方便面跑去捐救灾物资。男孩是京城某越野俱乐部的成员，俩人从一开始约着出去越野活动到交往大概过渡了小半年。后来很多次小D跟我说他俩吵架的事，而且是对撕对骂。我问输赢，小D面露得意地说互有输赢，那种表情完全不是吵架之后的怨恨，更像是棋逢对手一般的暗爽。

吵吵闹闹大概又两年，小D通知我她要结婚了，我说：“还是吉普男吗？”她说：“废话！说得就跟我老换男人似的。”到现在她结婚五年了，孩子四岁了，据说现在唯一改变的就是不当着孩子的面打架。棋逢对手的两个人，她当上了她理想的女王，一个敌对国的女王。挺好。

两个姑娘，性格差不多，可是命运完全不一样，并不是命好不好的问题，也不是遇没遇到渣男的问题，这就是我老生常谈的一个事：你到底是想假装过一辈子还是想痛快地一辈子做自己？

你用一个伪装的样子吸引的是一个喜欢你假象的男人，当你想做回自己的时候，几乎是不可能的，这在对方眼里就叫欺骗，不管你受了多大的委屈。这是自己点的菜，要么含着泪吃完，要么掀桌子重点。与其逼着自己吃一桌难以下咽的菜，为什么不由着性子来呢？

反正我到现在没看见能装作别人过两年以上的。两年基本是伪装的极限，过了这个极限，要么翻脸，要么掀桌。挺好理解的—没人能委屈自己一辈子。可是从你装的那一刻起，你在对方那儿就失去了做自己的机会了。在对方眼里的满意、合适甚至是爱的，都是你装出来的假象。当这假象幻灭的时候，这些都是炮灰。

婚前有的缺点婚后改不了，婚前受不了的行为婚后更受不了，婚前什么脾气，婚后就是什么脾气。婚姻并不是一个改造人类的机器，也不是什么成熟大熔炉，更不是什么系统重置装置。不要以为结了婚了，那些你接受不了的就能改变。别做梦了！你把婚姻当什么了？劳改监狱吗？！

如果连爱都需要靠伪装来换取，那人生得多累啊！做自己，总有个不开眼的爱你爱到五迷三道。**做自己才能拥有真正属于自己的爱情。**

图书在版编目（CIP）数据

有些以为真的只是你以为 / 杨迪著 .
北京：北京日报出版社，2016.8
ISBN 978-7-5477-2213-8

Ⅰ．①有… Ⅱ．①杨… Ⅲ．①情感—通俗读物
Ⅳ．① B842.6-49

中国版本图书馆 CIP 数据核字 (2016) 第 187036 号

有些以为真的只是你以为

出版发行：北京日报出版社
地　　址：北京市东城区东单三条8-16号东方广场东配楼四层
邮　　编：100005
电　　话：发行部：（010）65255876
　　　　　总编室：（010）65252135
印　　刷：廊坊飞腾印刷包装有限公司
经　　销：各地新华书店
版　　次：2016年8月第1版
　　　　　2016年8月第1次印刷
开　　本：710毫米×1000毫米　1/16
字　　数：190千字
印　　张：15.25
定　　价：36.00元